孤独症逻辑

一本解决就寝、如厕、情绪问题、
攻击行为和日常生活中各种挑战的家长指南

AUTISTIC LOGISTICS

A Parent's Guide to Tackling Bedtime,
Toilet Training, Tantrums, Hitting, and
Other Everyday Challenges

原　著　Kate C. Wilde
主　译　尤　欣
主　审　徐新杰
译　者（以姓氏笔画为序）
　　　　石大雨　张春兰　黄栩蒂　熊舒煜

人民卫生出版社

Copyright © Kate Wilde 2015
The Son-Rise Program® is a registered trademark of Neil Kaufman and Susan Marie Kaufman
The Autism Treatment Center of America® is a trademark of The Option Institute and Fellowship
First published in the UK and USA in 2015 by Jessica Kingsley Publishers Ltd
73 Collier Street, London, N1 9BE, UK
www.jkp.com
Printed in China

图书在版编目(CIP)数据

孤独症逻辑 /(美)凯特·C.·王尔德(Kate C. Wilde)著;尤欣译. —北京:人民卫生出版社,2016
  ISBN 978-7-117-23656-0

Ⅰ. ①孤… Ⅱ. ①凯… ②尤… Ⅲ. ①孤独症 - 儿童教育 - 特殊教育 Ⅳ. ①G76

中国版本图书馆 CIP 数据核字(2016)第 262308 号

| 人卫智网 | www.ipmph.com | 医学教育、学术、考试、健康,购书智慧智能综合服务平台 |
| 人卫官网 | www.pmph.com | 人卫官方资讯发布平台 |

版权所有,侵权必究!

图字:01-2016-6069

孤独症逻辑

主　　译:尤　欣
出版发行:人民卫生出版社(中继线 010-59780011)
地　　址:北京市朝阳区潘家园南里 19 号
邮　　编:100021
E - mail:pmph @ pmph.com
购书热线:010-59787592　010-59787584　010-65264830
印　　刷:北京盛通印刷股份有限公司
经　　销:新华书店
开　　本:710×1000　1/16　印张:11
字　　数:209 千字
版　　次:2016 年 12 月第 1 版　2016 年 12 月第 1 版第 1 次印刷
标准书号:ISBN 978-7-117-23656-0/R·23657
定　　价:45.00 元

打击盗版举报电话:**010-59787491**　**E-mail:WQ @ pmph.com**
(凡属印装质量问题请与本社市场营销中心联系退换)

原著致谢

　　我有太多的感谢要送给许许多多的了不起的人。我想起工作中遇到的每个孩子，以及那些在无比绝望和喜悦时邀请我进入到他们生活中的家庭。这些美妙的经历在本书的许多内容中都有体现。感谢你们与我分享你们的生活。感谢美国孤独症治疗中心的每一位成员，谢谢你们的奉献和爱心，以及你们对来自世界各地的儿童及其家庭的无私帮助。感谢同我一起教学的William Hogan，谢谢你在过去的20年里每天与我一起授课！感谢Raun Kaufman走遍世界分享我们令人惊叹的工作。感谢Bears和Samahria Kaufman，你们的爱、奉献和信任帮助我成长，使我能够成为一名优秀的教师。感谢你们用如此的热情和温柔给予我这份美好的工作。

　　然而，特别要提到的是，有两个人在此书中倾注了无数的爱和关心。我的母亲Elizabeth McCormick，感谢您成为我的第一个榜样，让我知道在这个世界中成为一个独立坚强的女性的意义，感谢您教给我在这世上做有意义的工作的重要性。感谢您对我一如既往的支持、启迪和信任。在本书的成书过程中，您倾注了大量心血，也给了我很多建议和帮助。

　　感谢我最好的朋友，爱萌计划®（Son-Rise Program®）的教师，Bryn Hogan。你倾注了很多时间来阅读和编辑这本书，并不断修改完善。谢谢你的爱心和智慧。感谢你的反馈、明晰的思路和出众的态度。最后，感谢你伟大的友谊！

　　衷心感谢Jessica Kingsley出版社的每一位成员，特别是Lisa Clark。感谢你，Lisa，谢谢你对本书自始至终的支持和守护。

我的故事

　　我是在13岁时决定投身于孤独症儿童的相关工作的。当时,是一部名为《沧海赤子心》(*Son-Rise: A Miracle of Love*)的电影启发了我。我和我的妹妹Nicky一起观看了这部电影。有趣的是,同一件事可以对两个人造成完全不同的影响,这部电影对我而言意义重大,而对我的妹妹却无足轻重。我的妹妹甚至都不记得看过这部电影了。但是对我而言,它却是这一切的开始。那是我初次接触孤独症,它引起了我对孤独症深深的好奇和着迷。从此,我对学校布置的书籍只看名著导读,而绝大部分时间都忙于阅读有关儿童发展的书籍。也是这部电影让我第一次接触到一个理念,那就是爱和接纳是治愈和改变的最强力量。幸运的是,我当时年仅13岁,脑海中还没有什么固执的成见,因此可以很开明地去接受这个理念。

　　《沧海赤子心》这部电影讲述的是关于Samahria和Barry Neil Kaufman的真人真事,他们的儿子被诊断为重度孤独症,18个月时智商不到30,从此他们踏上了帮助儿子的征程。在20世纪70年代,由于大概只有万分之一的孩子患孤独症,因此并没有什么可以用来治疗孤独症的方法,而当时被用于治疗重度孤独症、方式严酷的行为矫正疗法(包括电击),显然不是他们夫妇二人优先考虑的方法。Kaufman夫妇为了儿子四处求医,不断有人告诉他们孤独症是一种终身性疾病,他们的儿子不可能过上正常的生活,甚至不能掌握基本的自理能力。医生建议他们把孩子寄养在教养院里。Kaufman夫妇没有遵从这些专业人士提供的治疗方案,相反,他们决定自己来教育孩子。他们所采用的方法与当时的主流方法完全不同。他们不认为儿子拍手、摇手的独特行为是因为他有"严重的病征",而是另有隐情。

　　他们决定把儿子看做是他们生命中的礼物。他们决定不再带着抗拒和恐惧心态去接近孩子,而是用爱和接纳来对待他。他们不再强迫儿子遵从成人世界的行为规范,而是决定去融入到儿子的世界里。他们把儿子的重复性行为看做是能够进入到他的世界的入口。所以当他拍手时,他们也会跟着一起拍手。当他把身体晃来晃去时,他们也会跟着一起摇晃。通过融入儿子的世界,他们彼此之间建立起了联系。他们花了3年半时间,每天和孩子在一起相处12个小时。现在,孩子原先的症状都已经消失了,他在全球进行有关孤独症和爱萌计划®(the Son-Rise Program)的巡回演讲,同时也是*Autism Breakthrough: The*

Groundbreaking Method That Has Helped Families All Over the World（孤独症突破：帮助了全世界家庭的革命性方法）一书的作者。这么多年过去了，我13岁时曾经在那部电影里见过的那个小男孩，那个改变了我的人生的电影中的小男孩，已经成了我过去23年中最亲密的朋友。

从那以后，从事与孤独症儿童有关的工作成为了我的理想和生命中最热衷的事业。在整个青少年时期，为了能够接触到特殊儿童尤其是孤独症儿童，每当暑假和有空闲的时候，我都会去参加一些与此相关的游戏团体和课余活动。有一年夏天，我很开心第一次遇到一个孤独症孩子，当时我15岁，她14岁。她戴着一个头盔，以防她因撞头动作而受伤，穿着特制的高跟鞋，以适应她脚尖走路的姿势，因此她至少比我高30厘米。那天，我被安排和她一起活动，刚见面不久，她就用胳膊夹住我的头开始往前走，一路拖着我，径直走出教学楼，走向足球场。当时我对孤独症及如何与孤独症儿童相处的唯一认识都来自那部电影，有两点让我印象深刻：和孩子一起融入到他们的世界中，以及爱和接纳。对她而言，这就是陪着她绕着足球场走路。所以，我竭尽全力地集中注意力去享受沿着足球场走路的乐趣，并且表现得很高兴，因为至少她喜欢我的陪伴。在那个夏天接下来的日子里，我们一直被分在同一个组里，因为和我在一起时，她从来不撞自己的头。这就是我对"融入"疗法所产生的治疗力量的最初认识。我们一起散步、一起欢笑、一起玩耍，共同度过了一段最美好的时光。她是我在现实生活中遇到的第一个孤独症儿童，也让我对孤独症产生了极大的兴趣。

特别提示："融入"是爱萌计划®中一项特别的方法，可以在孩子们表现出重复性行为的时候帮助他们，并建立起我们与孩子之间的联系。如果你想了解更多相关内容，请访问www.autismtreatment.com。

我遇到的第二个孤独症儿童是一个朋友家的孩子。我遇见他时他才3岁，他是个非常可爱的孩子。他喜欢在两面墙之间来回来去地跑，也喜欢把电灯开关不停地打开再关上。此时当我与他在一起的时候，我也同样融入到他的活动之中，喜欢并享受和他在一起的时光。当我和他一起跑的时候，我注意到他看我的眼神中露出了笑容，我被他自然流露出的那份可爱深深打动。在融入他时，我能看到他个性中所闪耀的光辉，这让我更坚定地认为这个男孩安静的外表下隐藏着一个完整的人格。我想找到一种接近他的办法，并帮助他与这个世界建立沟通。这也让我更加坚信，融入儿童的活动是与他们建立联系的最好方法。

上大学时，我在萨里大学学习了音乐和教育。我选择音乐是因为我擅长唱歌，而且我当时想做一名音乐治疗师。然而，随着对音乐治疗了解的增多，我逐渐认识到这并不是我想从事的事业。我认为它虽然是一种对孤独症儿童有很大帮助的疗法，但对我来说却太局限了，我希望能以更加多样化的方式来进行工作。我依然热切地盼望着能够与孤独症儿童进行一对一的直接接触，开展治疗，但在取得许可之前的漫长等待却令我感到失望。我被告知在与儿童直接进行一对一的接触之前,我需要经过更多的培训,而我不想再继续等下去了——我想马上开始工作。

大学毕业后,我并没有选择继续进行学术深造,而是到Rachel Pinney博士处参加了工作。Rachel Pinney博士是*Bobby: Breakthrough of an Autistic Child*(Bobby:一个孤独症儿童的突破)与*Creative Listening*(创造性倾听)这两本书的作者,同时也是"北伦敦儿童时刻(Children's Hours in North London)"项目的建立者。她指导过各种类型的儿童,有些孩子属于情感障碍,也有许多是孤独症患儿。在与孩子相处方面,她真的是个天才,孩子们非常喜欢她,她有一种能够与孩子建立起深厚感情的不可思议的能力。和大多数的天才一样,她是一个非常有趣的人,喜欢测试人们的反应。我遇到她时,她已经80岁了。我第一次面试时,她当时正在泡澡。她简单地问了我几个个人问题,然后告诉我说我已经通过了测试。"什么测试?"我问。她告诉我说,她喜欢观察人们对不同情境的反应。我并没有因为她在泡澡而烦心,这让她相信我对于今后接触的儿童也不会有任何成见。

虽然她已经80岁了,走路还要拄拐杖,但是她的头脑依然充满活力。作为我的训练的一部分,我会随她前往附近社区进行演讲。我会帮她提着装满书籍的手提箱。令人惊奇的是——她也随身带着Barry Neil Kaufman所著的*Son Rise*("爱萌")一书,这正是我13岁时在电影屏幕上看到的那个故事!她亲自训练我与儿童一对一交流,我每天都会和孤独症儿童进行直接的接触,这感觉就像置身天堂。日常工作中,我会被每个孩子所展现出的聪慧和爱所深深打动。在这里,我遇到了一个家庭,他们打算带着患有孤独症的女儿去美国参加一个特殊的培训项目。虽然我当时并不知道那个项目是什么,但我抓住机会加入了这次旅途并学习了另外一种治疗孤独症的方法。

参加美国项目的第二天,他们放映了NBC的电影《沧海赤子心》。那时,我才意识到这个中心正是由电影中所讲的Kaufman夫妇创立的,正是他们的故事最初启发了我踏足于孤独症儿童相关工作。啊!对我而言,那真是一个令人惊叹的时刻。绕了一个圈,我又回到了最初的起点,那种感觉就像是找到了归宿。我知道我终于找到了我想要学习和应用的那种方法。在那之前,我从未见到过一种治疗方法可以同时具备这两个特点:其一,工作人员对那个和我一起来的小女孩的喜爱是那么的真诚,从他们的一举一动中你都能感受到这种喜爱;其二,他们在要求她改变和成长的时候又是那么的有力和有效。他们让她与他们对视,让她开口说话,让她自己穿衣服。在那1周的时间里,他们营造了一个充满喜悦和关爱的氛围,帮助她成长了很多。

此后,我继续跟随Rachel Pinney博士一起工作,之后我回到了美国孤独症治疗中心,开始正式接受爱萌计划®的培训。为了能够成为爱萌计划®里的儿童协调员和爱萌计划®教师,我接受了5年的严格训练。这大致相当于攻读一个博士学位所需的时间和精力。我培训的内容非常贴合实际。它富有深度,而且非常强调态度。我会直接接触患有孤独症的儿童和成年人,并且能够从高年资同行那里获得直接的反馈。我与每个孩子相处的过程都会被录像记录下来,之后会被逐帧逐秒地进行分析。另外,我也会与家长和其他家庭成员进行直接接触,培训他们如何管理孩子,并从他们那里获得反馈。如果我们要教授一项原则或方法,训练者会观察整个过程,并给我们详细点评,以便让我们的沟通变得更为有效。我们会花费数百个小时来历练自己的思想和情感,这样我们才能用一颗开放、关怀和包容的心真诚地去面对每一个儿童和每一位成人。

　　爱萌计划®中强调,每一个孤独症儿童都是与众不同的,他们可能会被不同的事物所吸引,面对的挑战也各种各样,非常复杂。我需要学会如何去识别这些挑战,在刚接触他们的时候就与这些孩子和家庭建立联系并帮助他们。然后我还需要学会如何将我所掌握的知识通俗清晰地表达出来并把它们传授给不同的家庭,让他们也能够在自己的孩子身上应用这些方法。经过了很长时间的训练和各种不同经验的积累我才掌握了这些技巧。

　　现在,我在爱萌计划®已经工作了20余年,也很高兴自己帮助了那么多的孩子和家庭。我用成年累月的时间与那些最可爱、单纯、有趣、坚定和努力的儿童和成人相处。我从未遇到过不想学习的孩子,也从未遇到过不愿努力的孩子。能与这些孩子一起度过这么多的时光,我的内心充满了感恩之情,因为他们教会我敞开心扉,去倾听、去鼓起勇气尝试那些看起来或许不可能做到的事情。我曾被拳打、脚踢、被吐口水、身上被拉尿,也曾被关爱、被亲吻、被拉着一起跳舞、围绕各种各样的话题聊天(从"洗衣机"到"地震的统计数据"),我也融入了各种各样的独特而美妙的重复性行为。

　　尽管我永远不能说我已经可以停止学习了,而且今后我肯定也会遇到更多新的情况。但是我可以说,我已经经历了许多你们今天在孩子身上遇到的事情。尽管每个孩子都是独一无二的,但是我确信我曾接触过一些与你的孩子具有类似行为、动机、天性或问题的孩子。我教育和培训的重点之一就是尽可能更广泛、更有深度地分享我的实际经验,就我所知,在这个方面没有其他训练能够超越。我认为我可以自信地说,虽然我没有见过你的孩子,但是我知道我会爱他们的。无论他们的行为如何,我都不会忽视他们的独特和可爱。

　　我现在是爱萌计划®的主管,负责培训美国孤独症治疗中心的员工,培养他们成为爱萌计划®儿童协调员和爱萌计划®教师。同时,我也对个人和家长团体进行教学,教给他们运用爱萌计划®的方法。教学的方式可以通过电话、家访或者是家长直接来我们的中心学习。我们中心来访的家长来自全球各地,包括泰国、新加坡、非洲、马来西亚、中国、法国、波兰、俄罗斯、斯洛伐克、阿根廷和巴西。此外,我们的团队也经常到欧洲推广爱萌计划®。这是一个美妙的旅程,能遇到这么多美好的家庭和孩子并帮助他们,我的内心充满了感恩之情。

这就是我写这本书的原因。我希望能够帮助你们,给你们提供工具和方法,帮你们为自己特殊的孩子和家庭建立一个美好的生活。

Kate

如何阅读本书

这本书中我所说所做的每件事都是基于爱萌计划®（the Son-Rise Program）的原则和技术。这本书适用于所有关爱孤独症孩子的家长、治疗师、教师或其他家庭成员。不管你的孩子目前接受的主要治疗方法是应用行为分析法（ABA）、地板时光疗法（Floortime）、人际交流学习（RDI）、语言行为法、韩德尔疗法（Handel）、强化性游戏疗法或是任何其他疗法，这本书都适用。这本书是写给每一位需要在以下方面获取帮助的人：

- 刷牙；
- 理发；
- 穿衣；
- 睡眠问题；
- 攻击行为；
- 发脾气；
- 如厕训练；
- 尝试引入新的食物。

这些事情中的绝大部分发生在固定的治疗时间之外。这些事每天、每周、每月都在发生，而这本书就是为了帮你处理上述及其他一些日常问题而写的。

关于这些问题，市面上有许多书是针对普通孩子的，对于孤独症谱系的儿童并不适用。对于应当如何在治疗时间之外或课余时间与孩子相处，如何为你自己、孩子和家人创造一个和谐的家庭氛围，你可能会觉得有些困惑。我希望这本书可以帮助你与孩子和谐相处，为你和你的家庭建立起一套实用的日常习惯。我知道这是可以实现的。

首先，关于本书中人称代词的使用作出声明。为避免频繁使用"他或她"这类涉及男女两性微小差异的复杂描述，避免啰嗦和引起混乱，我用他、他的或他们、他们的来指代"你的孩子"或"孤独症儿童"。

本书的前6章是关于如何看待和接近你不同寻常的孩子的一些观点和理念。这些章节会帮你从一个不同的视角去看待你的孩子，或者帮助你巩固一些你已经知道的内容。无论是哪种情况，我都鼓励你先阅读这些章节，因为在其他章节我会提及这些内容。这些内容会帮助你理解和运用其他章节中提出的策略，也有助于你加深对整本书的理解。

　　接下来的6章是针对某些特定话题的,例如,如何应对孩子发脾气、孩子的攻击行为、如厕训练、睡眠、自理能力和尝试引入新的食物等。

　　这本书在帮助孩子获得新技能的同时,也尽可能地帮助你改变对孩子的看法和回应方式。我相信,你是孩子一生中最能帮助他也是最爱他的人。没有人比你更爱你的孩子,也没有人比你付出得更多。但这不意味着你总能知道应该做什么。许多家长觉得他们"应该"知道,但是我们都明白,我们的孩子很特别,而且他们不是带着说明书来到世上的。我知道,这本书中的所有内容都需要亲自去学习,我们并不是生来就掌握这些方法的。当你的孩子做出一些完全出乎你意料的事情时,也没有任何说明书会告诉你应当如何应对。我希望这本书可以或多或少地指导你找到养育孩子的方法。

　　每章的开头都首先探讨了我们如何看待和回应孩子的所作所为。这对帮助你的孩子掌握你所传授的技能十分关键,同时还会提供一些练习帮助你掌握这些技能。其次,每章都列出了许多可以即刻应用的步骤化的实践策略。此外,为了方便你的使用,在大部分章节的末尾有一个便于查看的行动项目检查清单。

　　如果你的孩子没有在1周时间内掌握你希望他掌握的技能,还有下周和下下周。我们的孩子的成长时间表与其他孩子不同,有时候他们可能需要多一点时间来理解。值得庆幸的是,时间是你能给予孩子的。大多数人尝试一件事时,只做了1天就认为这事做不成。在过去的几年里,我尝试过多种节食减肥方法,也是坚持不多久就放弃了。但是我们都知道,我们只有长期坚持节食才能看到效果。坚持每天尝试采用这些建议,至少1个月之后再去考虑是否要放弃。种下一粒种子时,你不会因为过了3天还没看到发芽就扔了它。你明白种子生根、破土都需要时间,需要水和阳光持久的滋养。同样的道理,你需要像种花一样给孩子一些时间。

　　我知道这些策略是有效的,因为我自己已经实践过并亲眼看到了它们的效果。我已经培训过无数的家长,教他们运用这些策略并看到它们起效。这些不是理论,而是经过爱萌计划®30多年教学经验总结出来的实用方法。

　　特别提示:如果你想进一步了解如何在孩子身上应用爱萌计划®,你可以阅读Raun K. Kaufman所著的*Autism Breakthrough: The Groundbreaking Method That Has Helped Families All Over the World*(孤独症突破:帮助了全世界家庭的革命性方法)。

目 录

第1章

了解孤独症儿童的感官体验

这是本书中最重要的一章。在这一章中,你会了解到一些基础的知识和理念,而这些知识可以帮助你更有效地理解本书中所提及的各种建议和策略,并为你接近和教导你的孩子营造氛围。

为了帮助我们的孩子,首先要对他们的感官体验有所了解。孤独症儿童的感觉处理系统与我们不同。对于他们来说,处理来自外界的感官刺激是一件很有挑战的事情。他们的听觉、嗅觉、触觉和视觉有时会与我们截然不同,以至于即便是在寻常环境中,他们也会觉得信息多得不能处理,到处都是不可预计的风险和混乱。

先从他们的听觉说起。对我们来说是正常的声音,对于他们来说可能会感觉非常刺耳,或是听起来断断续续的,就像是信号不好时的手机通话一样。有些孩子不能很好地过滤周围环境中的形形色色的声音,因此几乎不可能集中注意力去关注某一个声音。想象一下商场中的各种声音:商场播放的背景音乐、人们的谈话声、空调的声音、各种婴儿车和手推车轱辘转动的声音,以及收银机制造的噪音等等,我还可以列举出更多诸如此类的声音。想象一下,如果你不能对这些声音进行有效的过滤,这些声音就会以同样大小的音量向你袭来,难道你不想从这种超负荷的状况中撤离出来吗?难道你不想捂上耳朵,对所有的声音置之不理吗?这对于任何人来说都是超负荷的,但这才仅仅是我们孩子在听觉上的体验。现在你知道为什么我们的孩子很少回应我们了吧。

现在我们停下来思考一下我们的孩子在嗅觉上的体验。同样,我们的孩子的嗅觉也很敏感。那些对于我们来说是温和的或者是平常的味道,对于他们来说则可能是难以忍受的。我见过有的孩子为了应对那些对他们来说过于刺激的气味会把自己完全封闭起来。想想我们随处可见的各式香料吧,它们实在太多了,以至于这些敏感的孩子们根本无法应对。即使是对于我本人来说,当我经过百货公司里的化妆品专柜时,我也会因为那些香水浓郁的味道而感到头疼。

在触觉方面,有些家长可能会发现,孩子一放学回家就会马上脱掉他们所有的衣服,或者他们只愿意穿某一套特定的衣服。对于部分孤独症儿童而言,衣服

1

接触皮肤的感觉可能就像是砂纸一样。这种感觉就像当你发高烧时,你的皮肤像在燃烧一样,这时来自别人甚至是你自己的任何碰触都会感觉特别敏感。

你可能会注意到你的孩子似乎没有疼痛的感觉,或是在冰凉的雪地里玩耍时也不会觉得冷。他们对于外界的刺激并不敏感,说明你孩子的感觉系统对于触觉等感觉刺激具有不同的处理方式。

接下来我们再讨论一下视觉。我在工作中曾遇到过这样的孩子,他们只有外周视力,也就是说他们只能看见位于他们身旁的物体,而不能看见位于他们正前方的物体。还有的孩子,他们的深度感知觉有问题。当Raun K. Kaufman回忆起他儿时身患孤独症的那段经历,他描述那种感觉就好像是通过拿反了的望远镜来看这个世界一样。

那么现在让我们来想象一下,对于我们的孩子而言,他们在每天的生活中都要处理来自外部世界的各种听觉、视觉、嗅觉和触觉刺激,这将会是一种怎样的体验? 想象一个让你感到嘈杂的场景,可以是商场、机场、大型音乐会或是节日庆祝盛典,又或者是一个吵闹的夜店,并且在这种场景当中,还有人让你来完成一件非常具有挑战性的任务。天哪! 难怪我们的孩子们想要从这个世界逃离,然后构建一个他们能够控制的、按他们自己制定的秩序运行的世界。

我遇到过一个叫Martin的孩子,他是一个非常可爱的12岁男孩。他被诊断为广泛性发育障碍。Martin的父母之所以要咨询我,是因为他要被学校开除了。Martin在学校吃午餐的时候会攻击其他的孩子,还想把其他孩子的午餐盒扔出窗外。他也很抗拒去食堂,总想要逃跑。Martin的老师拿他束手无策,而他的父母也没有办法了。我和他的父母一起完成了爱萌计划®的咨询,并且,我们并未将Martin看作是一个不听话的坏孩子,而是认为他这么做的目的是为了保护自己。我们试图去理解他的这些行为。这一理念对于我们真正深入地理解Martin的所做所感具有很大的帮助。最终我们发现,Martin对于香蕉的味道极其敏感,因为每当他情绪爆发时,他的周围总会有香蕉存在。Martin没有说出是因为香蕉的气味在困扰他,不是因为他不会表达,而是因为他自己也并不知道这种气味才是罪魁祸首。查明原因需要大量的"侦查"工作。而一旦我们找到了这个原因,我们就能够帮助Martin,告诉他当他下次闻到这种"无法忍受"的气味时应该如何处理,而不是通过攻击他人或是逃跑的方式来解决问题。

Joe是一个非常聪明有趣的7岁孤独症男孩。他每次经过门槛的时候都会呼吸急促。不管是进入电梯还是商店,Joe总要尝试好几次之后才能成功地迈过门槛。他的父母对此感到十分苦恼,因为每次外出的时候他们都会在这些事情上浪费很多的时间。他们觉得Joe很难控制自己,但却找不到具体原因。在他们向我咨询的过程中,我告诉Joe的父母,首先要假设Joe这样做是有原因的,然后仔细调查一下在他身上到底发生了什么。我们发现Joe缺乏深度感知觉,所以陌生的环境对他来说充满了极大的挑战。这样,一旦我们找到了这个使他反复进行错误尝试的根源,我们就可以更好地帮助他,而这一根源也解释了在Joe身上真实存在的问题。

这两个例子告诉我们,我们的孩子对这个世界的体验与我们非常不同。同时也表明,虽然我们有时可能会不理解他们的某些行为,但这些行为的背后肯定会有一定的原因。如果我们从这个角度入手,我们就能成为爱萌计划®里所谓的"侦探",调查这些行为背后的原因是什么。通过这一方式,我们可以找到我们的孩子出现特殊行为背后的根本原因,从而能更加有效地帮助他们改变问题行为。

这本书的每一章都有不同的主题。我希望你在阅读之前,能够把自己想象成一个侦探,对孩子的生活体验进行仔细地思考,并尝试找出孩子之所以这么做想要得到或解决的问题是什么。如果我们能够认可孩子们的行为背后总是有一个原因的,就像Martin和Joe一样,那么我们就可以通过努力找出这个原因。一旦我们找到了这个原因,我们很容易就能知道该如何去帮助我们的孩子掌握新的技能了。

现在我们已经知道,这个世界对于我们的孩子来说是混乱、无法预知和无法控制的。现在,我们再把人这一因素也考虑在内。就拿你和我来说,尽管我们的出发点是好的,我们都希望尽最大的努力来帮助孩子,但是我们的孩子可能会认为我们是非常难以捉摸的。人是非常难以捉摸和难以控制的。比如说,我们的行动速度不定,时快时慢;我们也不是总在固定的时间给孩子洗澡、为孩子更衣;有时我们会大声喊叫,有时我们又是在唱歌;我们有时生气,有时开心;有的时候我们允许孩子们玩玩具,有的时候我们又不允许了。对于我们的孩子们言,他们无法分辨出我们何时会做或不做这些事情以及这背后的具体原因和规律。对于那些对声音、触觉或视觉刺激过于敏感的孩子而言,人们的这些难以捉摸的行为通常会使他们不得不选择逃避从而保护自己免于伤害。

你有没有做过以下这些事情:

- 拿走孩子最喜欢的玩具,期待着如果没有这些玩具,你的孩子就会开始和他人进行互动;
- 拿走孩子最喜欢的玩具,告诉孩子只有吃完午饭才能继续玩玩具;
- 强行地把饭塞到孩子的嘴里,想让他知道这些食物有多好吃,希望他会因此想再多吃一点;
- 为了不让孩子长蛀牙,把孩子按住并强行给他刷牙;
- 为了能让孩子赶上校车,强行地把衣服穿到孩子身上;
- 即使孩子在挣扎着想要逃离你的拥抱,你还坚持要拥抱并亲吻他。

我们可能都曾做过至少一件类似的事情,因为我们爱我们的孩子,想要找到一种方法来帮助他们。但是,当我们做这些事情的时候,却经常得到事与愿违的结果。孩子们变得更加难以控制,也更不愿意接受我们的意见了。这是为什么呢?因为当我们感受到被强迫或是被催促的时候,我们会反抗。如果有人曾经拿走了我们最喜爱的玩具,我们下次在和他玩之前也会考虑考虑的。如果有人非要给我们穿上毛衣或者外套,难道我们的本能反应不是马上脱掉它们吗?

　　一个值得思考的现象是,我们的孩子的重复性行为大多会包含物体、自己身体的一部分或是一些他们能够控制的语言。如果你仔细想想,这是完全可以理解的。因为人是最难以捉摸和难以控制的,而这些东西却恰恰相反,它们能够预测、易于控制。比如,当我们的孩子拿起一列玩具火车,它的样子是不会变的,它的颜色、气味和触感也不会变,当他们把这个玩具火车放下,它也会待在原地。玩具火车不会把孩子们举起来,或是挠他们的痒痒,也不会把孩子们的东西拿走,而且它总是受孩子们的控制,孩子们希望它怎么样,它就会怎么样。难怪我们的孩子会选择远离人群,并创造出一个属于他们自己的、主要由与物体进行互动、可预期的模式以及寻求自我安慰的重复性活动所组成的世界。

　　要改变这种行为模式,让我们的孩子更加亲近我们,就要给予他们一定的控制权。当我们像孩子们喜欢的物体一样,可以被预期和控制时,我们就把控制权交到了孩子的手里。本书中讲的就是这样一种长期的游戏策略,我们不需要通过强迫,就可以让我们的孩子想去尝试新的食物和衣服、开始尝试刷牙并乐在其中。

　　当我们强迫或企图控制我们的孩子时,我们就等同于是在教导孩子我们是不能被信任的。也就是说我们可能随时会拿走他们最珍爱的东西,或者是为了一些他们不能理解的理由而违反他们的意愿。这些都会让他们有更多的理由远离我们、不听从我们。当我们强迫或试图控制我们的孩子时,他们会变得更加我行我素。所以我建议你要把更多的注意力放在你自己的行为上,将控制权交给孩子,与你的孩子建立起坚如磐石的信任关系。这份信任是一个基石,在这之上我们才可以鼓励、引导孩子去做那些对他们来说有难度的事情,比如说坐在便盆上、尝试新的食物、穿上不太熟悉的衣服和尝试着去刷牙。当我们进行教育的时候,信任是最重要的因素。

　　有一些孩子在刷牙或者理发的时候经常会被控制住,这些孩子可能在听到牙刷或者看到理发用的剪刀时就会开始大哭或是想要逃跑,他们的这种条件反射似的反应并不是因为他们害怕剪刀或是讨厌刷牙,而是因为他们把这些行为和物体与被控制的经历联系在一起,而这种被控制的经历才是他们真正抵触的。一旦我们停止这种行为,让孩子们知道我们会让他们自己来控制局面,我们就能够帮助我们的孩子熟悉理发剪刀、牙刷或者新的食物。只有在我们帮助孩子熟悉了这些活动之后,我们才能去尝试帮助他们学习并掌握这些新的技能。我们可以通过爱萌计划®中的家长让权指南来将控制权交给孩子。

爱萌计划®家长让权指南

家长让权指南的目的是给予孩子们他们所需要的自主权并且永远不要强迫孩子。我们并不仅仅是为了让孩子尽快完成这些事情，而是想启发他们能够自愿地去自己刷牙，并且愿意去理发和喜欢尝试新的食物。为了达到这一目的，同时又不破坏你和孩子之间的感情，最好的方式就是尽可能地把我们自己塑造成一个可以被孩子控制的人。如果我们每次与孩子进行互动时，都能遵循这一指南，我们就会把孩子所需要的自主权交给他们。而你也将发现孩子会变得更加灵活和易于管理。这个指南只有3个简单的步骤：

第1步：站在孩子的面前。

第2步：向他们解释你要做什么。

第3步：寻求孩子的许可。

我将以给孩子穿夹克衫为例，告诉你这个指南具体该如何应用：

第1步：你应该拿着孩子的夹克衫，站在孩子的面前。这样做的目的是为了让孩子能够清楚地看到你将要做什么。

第2步：当你站在孩子的面前时，你要清晰地说出，你将要给他穿上夹克衫了。比如，你可以这样说：Holly，我们现在要外出，所以我要给你穿上夹克衫。重要的是，在你试图做一件事之前，你需要说明你想要做什么。

第3步：这一步非常重要——在你说明了想要做什么之后，你要等待孩子的许可。这就意味着你要寻找孩子给出的任何有关"是"（我不介意你为我穿上夹克衫）和"否"（我不想让你给我穿上夹克衫）的信号。拿着夹克衫慢慢地靠近他，同时寻求他同意你为他穿上夹克衫的信号。如果你的孩子可以说话，他可能会说"好的"或是"不要"，如果他说"不要"，那这时就要把控制权交给他们，要尊重他们说"不"的权利。你也可以和他们这样说：非常感谢你让我知道你现在不想穿夹克衫，让我们过2分钟之后再试试吧。然后你就要等2分钟之后再试试看。如果他说"好的"，那你就知道你可以这么做了，于是你就可以把夹克衫给他穿上了。

如果你的孩子还不会说话，那么你就要寻找他肢体上的信号（即使你的孩子会说话，但他有时也可能会选择不用言语来回答你，那么在这种情况下，你也需要用这种方法来判断）。注意当你靠近孩子时，你的孩子是否会走开或是靠近你，又或者是根本不动。如果他走开了的话，我认为他可能是在说"不"，此时我可能会说：我看到你走开了，我认为你这是在说"不"，你不想让我这么做，那我们过2分钟之后再试试吧。如果孩子靠近你，你可以认为他是在说"好的"，你可以这样说：你在向我靠近，我认为你这样做是表明你同意了，谢谢你让我知道，我希望知道你想要什么。

如果你没有得到清晰的反馈,也没有得到任何有关"是"或"否"的提示,那就把这当作是一个机会,你可以试着去做一个"快乐的侦探"。不要着急,再跟他解释一遍你正在做什么,然后说:因为你没有躲开,那我就要给你穿上夹克衫了,如果你不想穿的话,你可以躲开,这样我就知道了。

在给他们穿夹克的时候,你要密切注意他所表现出的任何表明他不想让你这么做的肢体信号。如果他们躲开了,你就要停下来。

如果遵循上面介绍的方法,你就会给孩子发出一些清晰的有用的信号:

- 我是有机会表达"同意"或"反对"的。
- 我的妈妈在倾听我的需求,所以和妈妈沟通是值得的。
- 我可以在妈妈面前放松,因为她的行为是可预料的。
- 在妈妈的周围是安全的。
- 或许我应该去尝试一下妈妈想让去我做的事情,因为哪怕一会儿我不想做了,她也不会强迫我继续做下去的。

记住,在和孩子相处时遵循家长让权指南十分重要。只有遵循这个指南,本书中所介绍的各种策略才会发挥更好的作用。

"不"就是……"不"

把主动权交给孩子的另一个重要方式就是尊重他们说"不"的权利。而且每时每刻都要尊重他们的这个权利。请你考虑一下,你自己肯定也不希望你所说的"不"不被他人尊重。你喜欢与那些尊重自己意愿的人待在一起,并且与他们成为朋友,而会远离那些不尊重你意愿的人,就是这么简单。如果我们能够更多地去尊重孩子们的意愿,他们也会更愿意和我们待在一起,也会更愿意按我们的要求去做。信任是一切的基石。如果我相信当我和周围的人说"不"的时候他们就会停下来,那么也许我会去尝试做一些对我而言具有挑战的事情,因为我知道我随时都可以停下来。如果我不能确信这一点的话,那么我不可能和他们一起做任何具有挑战的事情。

Dan是一个非常可爱的身患孤独症的5岁小男孩,他参加了我们的爱萌计划®强化课程。他的父母对未来的生活非常担忧,因为除了父母和祖母之外,Dan拒绝和其他任何人待在一起。Dan的父母认为Dan时时刻刻都离不开他们,也不能把他送到任何学校。我是他的第一个儿童辅导员,我和Dan在我们为爱萌计划®特制的带卫生间套间的娱乐室里上课。当他意识到他独自和我待在娱乐室里时,他马上就大哭起来,然后把我推到卫生间里并关上了门,非常大声而且清晰地说"不"。在卫生间门后,我开始和他交谈,告诉他我的名字、我是谁、为什么我会在这里，以及他的父母在哪里、他们什么时候会回来，然后我告诉他我很愿意进去和他一起玩，但这要看他是否同意。我告诉他，如果他愿意，我也可以一直在卫生间里待着。这时我听到他大声而清晰地说"好的"。我大概等了5分钟，然后告诉他我要打开卫生间的门了，他说"不"。我表扬了他，因为他能够告诉我这一点。我没有打开卫生间的门。之后，我又这样反复试了几次，每次他说"不"的时候我都会尊重他的意愿。就这样，我在卫生间里待了1个小时45分钟之后，Dan终于允许我把门打开了。打开门之后，我仍然待在卫生间里，向他表明我是可以被信任的，如果他不愿意，我也不会强迫他做任何事情。在卫生间的门打开15分钟之后，我告诉他我要走到卫生间的门槛那儿了，他并没有说什么，于是我借着这个机会移到了门槛那里。5分钟之后，我终于成功地向娱乐室迈出了第一步。进入娱乐室之后，我和他始终保持着一定的距离并加入到他的活动之中。那天，我用了2个小时的时间才能和他待在同一间屋子里。不过到了下午，我只用了45分钟就能进去；到了第二天，我可以直接走进屋子里和他一起玩耍，而他再也不会命令我出去了。我知道，如果一开始我没有花那些时间将控制权交给他，他是不会允许我进去和他待在一起的。

"不"只是意味着"不，现在不可以"，并不意味着"永远都不可以"。如果我们的孩子说了"不"，那我们就要停下来。而且每次他们说"不"的时候，我们都要停下来。然而，我们要不断地去询问。等上几分钟，至少间隔2~5分钟之后再去询问。如果他们还是说"不"，那就需要继续询问。如果每隔2分钟询问一次，这样询问了四五次之后还是不行的话，那么你需要等至少15分钟之后再去询问。我们可以把控制权交出去，但是要坚持我们想要达到的目标。这就是秘诀！交出控制权但坚持我们的目标。

一开始的时候要有耐心，这样你将会有更多意想不到的收获。孩子说"不"时，你就要停下来。

练习1.1

现在我们花一点时间去仔细体会一下2分钟到底有多久，它其实是挺长的一段时间。如果你隔了20秒就再问一次的话，虽然你可能觉得那也挺长的了，但对于你的孩子而言，他可能会觉得你太过催促，根本没拿他说的"不"当回事。2分钟是一个很合适的等待时间，可以让孩子觉得你听到了他的意愿，并且尊重他的选择。

减少家中可能会发生控制权争端的情境

控制权争端简单来说是指那些我们要停下来、和孩子说"不",或者将某件东西从他的身边拿走的时刻。为了能够给孩子更多的控制权,我们要尽量避免出现任何可能会导致控制权争端发生的情况。举例来说,如果你的孩子总想玩你收藏的DVD,而你一定要把这些DVD从他手里拿走的话,那就把这些DVD放到他拿不到的地方吧,这样你就可以不用再说"不"了(现在只剩下500个说"不"的机会了!)。在我们和孩子相处的过程中,尽可能地避免说"不"是一种建立信任的方式,也是一种避免我们和孩子发生冲突的方式。

下面的练习将会涉及你家里的3个主要的房间,告诉你在这3个房间内可能会发生控制权争端的各种情境。请在这些房间中完成这些练习。

练习1.2

厨房

请你走进厨房,坐下来思考一下你和孩子在厨房里会发生的事情。孩子在这里会做哪些你不想让他做的事情? 下面所列出的条目可以帮助你思考一些不同的情境,请将那些在你和孩子之间经常发生的条目标记出来,如果有一些情境我没有提到,请你加上。

- 我的孩子总是把冰箱里的鸡蛋拿出来扔到地上。
- 我的孩子总是到橱柜和冰箱里拿一些我不想让他吃的东西吃。
- 我的孩子喜欢刀具,他会把它们从抽屉里拿出来,然后在厨房的地板上排成一行。
- 我的孩子不理解烤箱是很烫的,甚至当我在烹饪的时候,他也会随意去开关烤箱门。
- 我的孩子总是不停地按微波炉上的按钮,盯着上面不断变化的荧光数字。

客厅

- 我的孩子总是不停地将所有的灯打开再关上。
- 我的孩子总是希望我把电视一直开着。
- 我的孩子会把盆栽植物里的所有土都倒出来,然后把它塞进嘴里或撒在地毯上。
- 我的孩子会把书架上或屋子里的书和杂志撕烂。

洗手间

- 我的孩子会把所有的洗发水瓶都倒空。
- 我的孩子会把所有的水龙头都打开，将洗手间弄得到处都是水。
- 我的孩子喜欢往马桶里扔东西。

你可以通过改变环境来避免这些情况。针对你和孩子之间所发生的"控制权争夺战"，你可以考虑以下3个解决办法：

- 把目标物体移走。
- 给橱柜装上门或给门上锁。
- 改变水的获得途径。

接下来，我将就上面提到的问题给出一些解决方案：

厨房

- 我的孩子总是把冰箱里的鸡蛋拿出来扔到地上。解决办法：找一个很牢固的锁把冰箱锁上，这样孩子就打不开冰箱了。
- 我的孩子总是到橱柜和冰箱里拿一些我不想让他吃的东西吃。解决办法：锁上橱柜，或者给厨房装一个门，这样当你不在厨房的时候，他也进不了厨房。或者，你也可以将你不想让他吃的食物拿走，把这些食物放在一个孩子拿不到的地方，比如说是车库或是地下室的冰箱里。
- 我的孩子喜欢刀具，他会把它们从抽屉里拿出来，然后在厨房的地板上排成一行。解决办法：可以把抽屉锁上，或者装一个儿童锁，这样他就拿不到刀具了。
- 我的孩子总是不停地按微波炉上的按钮，盯着上面不断变化的荧光数字。解决办法：把微波炉搬到其他的位置，让孩子摸不到控制板。

客厅

- 我的孩子总是不停地将所有的灯打开再关上。解决办法：你可以在灯的开关上安一个盒子，这样的盒子你可以在五金店里买到。或者你把开关移到高一点的地方，这样孩子就够不到了。
- 我的孩子总是希望我把电视一直开着。解决办法：把你的电视卖掉吧！或者你可以把电视、电脑和其他重要的东西都放在一个屋子里，然后把屋子锁上，你的所有孩子都不能进去。这个方法对我接触过的很多家庭都很管用，他们的孩子很快就接受了这个主意。
- 我的孩子会把盆栽植物里的所有土都倒出来，然后把他塞到嘴里或撒在地毯上。解决办法：把植物放在孩子够不到的高处，或者暂时不要在家里种植任何植物。这只是暂时的，是为了可以让你将控制权交给孩子。当它们对孩子来说不再是一种诱惑之后，你可以随时把这些植物放回家里。

- 我的孩子会把书架上或屋子里的书和杂志撕烂。解决办法：把它们放在孩子够不到的地方。

洗手间

- 我的孩子会把所有的洗发水瓶都倒空。解决办法：把洗发水瓶都放到一个锁着的柜子里，眼不见心不烦。
- 我的孩子会把所有的水龙头都打开，将洗手间弄得到处都是水。解决办法：随时关上洗手间的门。或者找一个水管工给家里装一个水阀，通过这个水阀你可以关上家里所有的水龙头。这是一个非常值得做的事情，这样你就可以放心孩子不会把家里弄得到处都是水了。
- 我的孩子喜欢往马桶里扔东西。解决办法：在马桶座上安一个锁。是的，马桶座也是可以上锁的！

这个练习将使你的生活变得轻松很多！你不必再花那么多时间来管理你的孩子了。你可以放心你的孩子不会再像以前那样胡闹。你可以变身成你一直想成为的那种很通融的父母了。这不但有益于你，而且也给予了孩子他所渴求的那种掌握自主权的感觉。这样你就可以有更多的时间和精力来和孩子玩耍，帮助他们学习那些你希望他们掌握的技能。这将是一个共赢的选择。

....

有助于你把控制权交给孩子的几点建议

- **交出控制权是技巧，也是目的。**当你能够尊重孩子说"不"的权利并将控制权交给他时，你要告诉自己你已经获得了成功。这既是你的目的，也是你与孩子进行互动、帮助孩子学习技能的重要基础。
- **要相信，给孩子自主权要比教给他技能更为重要。**如果孩子们相信我们，他们就会主动来找我们，并和我们进行互动。如果当孩子说"不"的时候，我们能够尊重他的意愿，那么，我们就为孩子以后来找我敞开了大门，这样，我们就为孩子今后学习这项技能创造了非常多的机会。如果我被自己的那种只想让事情尽快完成的欲望征服，想要走捷径，而去和孩子对抗的话，那么我就很可能会失去孩子今后想敞开心扉向我学习的机会。
- **要相信虽然把控制权交给孩子在短期内需要花费更长的时间，但长远来看却是事半功倍的。**
- **建议你反复阅读这一章节。**我希望你每个周日的晚上都能重读一遍，因为新的一周你将继续开始新的育儿工作。

控制行为检查清单

由于我们的孩子的感觉系统和我们不一样,他们对这个世界的体验也和我们不一样。我们的孩子并非是要故意表现得难以管理,他们的行为之所以与众不同,背后一定是有其原因的。

- 像一个侦探一样,仔细寻找孩子行为背后的真正原因。
- 不要通过暴力来解决问题,不要强迫孩子去做事或学习技能。
- 考虑一下:当我们把孩子对自己身体的控制权更多地交到他本人的手里时,他会变得更加灵活,并且更愿意接受我们让他做的事情。
- 考虑一下:我们希望我们的孩子能够自愿地去梳头,或者自觉地坐在马桶上,而不是迫于压力匆匆做完了事。
- 每次和孩子在一起的时候,你都要遵循家长让权指南的三步法原则:
  1. 站在孩子的面前。
  2. 向他们解释你要做什么。
  3. 寻求孩子的许可。
- 每一次都要尊重孩子说 "不" 的权利。
- 如果孩子说 "不",你应该马上停下来,然后等待2~5分钟之后再试一次。
- 在家里要尽量避免 "控制权争端",主要方法有:
  ○ 移走目标物体;
  ○ 关闭相应的区域;
  ○ 改变水的获得途径。

很高兴你能够认同我的理念,并且愿意把孩子们渴求已久的控制权交给他们。根据我的经验,这种方法对孩子会有很大的帮助,可以使孩子们变得更加放松、更愿意去探索外界并接近他人。

第2章

划定明确的界限

划定明确的界限和把控制权尽量交给孩子是相辅相成的。虽然这一点听起来可能会有些让人难以理解,但是这种组合却可以为我们的孩子、他们的兄弟姐妹和你创造一个非常安全而且界限明确的环境。即使我们将控制权尽可能地交到了孩子的手上,这也并不意味着他们可以得到他们想要的任何东西,或是随时可以任意地去做他们想做的事情。你始终还是掌管这个家庭的成年人,而不是你的孩子。我知道在阅读这本书的人当中,有一些人的孩子已经掌控了整个家庭,我们似乎已经成了满足他们需求和愿望的全职奴仆。相信我,有这种感觉的家长也是可以得到帮助的。本章的内容将通过帮你创造和制定一些清晰的、充满爱意并具有实用价值的界限来帮助你重新成为家庭的主导。

我把"界限"定义为我们为我们的孩子在生活中制定的限制,这些限制可以帮助他们更好地探索周围的环境并进行互动,也有益于保障他们的身心健康。例如,这种限制可以是:嘴里有食物的时候请不要跳来跳去,因为这样你可能会被呛到。或者是,晚上7点之后你一定要上床睡觉。界限是一种恒定不变而且要永远遵守的规定。

我在青少年的时候就立志要从事特殊教育工作。对这些孩子而言,什么才是重要的呢?关于这个问题我曾有过许多不同的理解。在我十八九岁的时候,我曾相信他们并不需要任何的限制和规定,而是会本能地去选择那些对他们有益的东西。我甚至曾固执地认为,如果你把很多不同的食物放到孩子的面前,他们自然而然就会去吃那些对他们来说营养均衡而又健康的食物。随着经验的增长,我意识到孩子们并不总是能从大局出发,长远地考虑自身的健康问题,而是更喜欢获得短期的满足感。他们可能会因为口感好而选择巧克力,却并不会去考虑它的营养。他们可能会通宵玩游戏,以至于白天做康复治疗时他们却一直在睡觉。我现在知道制定详细的界限和规则对孩子的精神健康是多么重要了,这有利于孩子的身心舒适还能提高他们的幸福感。孩子在经过充足睡眠之后,通常不会那么爱哭爱闹,因而更容易在学校和康复治疗中获得益处。同样,如果孩子的饮食均衡,他们所面临的健康问题也将大大减少。制定并严格遵守这些界限对于家长的精神健康也很重要,有助于家长掌控和创造出一个可以让他们感到舒服的家庭环境。

我们成年人的生活当中也充满了各种各样的界限。我们必须系上安全带;我们不能超速驾驶;我们不能不付款就把商店里的东西拿走;我们不能袭击别人或者杀人;如果没有他人的邀请或允许,我们不能随便进出别人的房间,或是打开别人的信件。我们知道如果有以上行为,被发现后是要为这些行为付出代价的。

想象一下,如果我们不知道什么可以做、什么不可以做时,会是一种怎样的体验。如果我们某天在公路上以每小时30英里的速度行驶是可以的,不会有人给我们开超速罚单,但第二天当我们以同样的速度行驶时却接到了一个100美金的罚单。如果法律一直在变,我们就会缺乏安全感,不知道我们的行为是否会使我们入狱或受到处罚。我们就会不知道应该如何保护自己。

对于孩子而言也是如此,无论是身患孤独症还是正常的孩子。他们想知道什么可以做、什么不可以做,因为他们希望理解周围的世界是如何运转的,有哪些特定不变的规律。这也有助于让他们意识到自己是被"呵护"的;家长一直在关心、保护着他们,不会让他们做任何可能会伤到他们自己的事情。我清楚地记得当我的侄女被热锅烫伤之后,她怒视着我生气地说:"为什么你让我做这个?"她曾相信我会让她知道哪些东西对她来说是不安全的。当我们感到安全并且心里有底时,我们会更愿意去探索,我们会学到更多的东西并敢于去尝试那些对自己来说有挑战性的事情。

我们教育孩子说:不要玩火柴和刀,或者是不要在吃东西的时候蹦蹦跳跳。我们这样做是在为孩子设置一个界限,这个"界限"是为了帮助孩子去理解应该如何照顾自己。这些界限是教育孩子的重要工具。无论孩子孤独症的轻重,他们都可以理解并学会遵守这些界限。而我们家长是这些"界限"的制定者,我们要以充满爱意的方式教导孩子遵守这些规则。

制定的界限要尽可能的少

记住和孩子保持牢固关系的关键是交出控制权。我们关系越牢靠,他们才越愿意与我们互动,我们才会有更多的机会去教给他们本书中所讲的这些生活技能。因此,我们在为孩子划定界限时需要非常慎重,制定的界限要尽可能的少。一定要仔细看看家里是否有可能会引发"控制权争端"的东西并将它们尽量移除(详见第1章),尽量减少需要强行遵守的各种界限的数量。

我们在设立这些界限的时候是我唯一建议你不要使用爱萌计划®中的让权指南的时候。也就是说,如果你限制孩子不让他玩厨房里的刀具,那么即使他不愿意或者是想要把没收的刀具要回来的话,你也不能放弃你的原则。在这种情况下,我们要以大局为重,孩子的人身安全才是最重要的。这就是为什么我们要认真地去考量我们为孩子所设置的每一条界限并尽量少地去设置界限。我们要为孩子创造一个环境,在这个环境中,90%的时间我们要把控制权交给孩子,答应他们的要求,而只在10%的时间给他们设置界限。

如何确定界限?

可能你和大多数家长一样,已经给孩子制定了一些界限。那么在进行下一步之前,为何不仔细考虑一下你给孩子制定的每一个界限是否都经过了认真的考量呢?我们所制定的每一个界限都应该是:在那种情况下,制止孩子要比给他自主权更为重要。每当你为孩子制定界限时,都要问一下自己:这个界限对保护孩子的健康和安全会有帮助吗?例如,确保孩子不会跑去喝马桶里的水就是必要的限制;而确保孩子每天都留同样的发型可能就不是一种必要的限制,因为即使孩子不这样做也并不会伤害自己和他人,也就是说在这一点上你可以放手让孩子自己去做决定。

下面的练习可以帮助你从4个不同的方面在家里为孩子制定界限:

练习2.1

为可能会导致孩子和他人身体受到伤害的任何事物设置界限。人身安全是我们需要考虑的重中之重。我们不会眼看着孩子玩一些可能会伤害他们的东西而置之不理。我们也不会看着他们将身体探出窗外,或者天真地把绳子绕在另一个孩子的脖子上玩骑马游戏。我们肯定会阻止孩子去做任何可能会伤害自己或他人的事情。

请将有关人身安全方面,你希望为孩子制定的界限写在下面提供的横线上。如果你是单亲家长,那么你只需要自己同意为孩子制定这些界限就可以了。如果你有伴侣,那么你一定要和他一起完成这个练习,因为要保证对方也同意并愿意遵守这些规定。

_____

_____

_____

_____

_____

在你列完这些界限之后,请你再回头看一遍是否有些条目可以通过避免这种情况的发生来删除。比如说,如果你的孩子喜欢把身体探出窗外,你可以将窗户一直关着,不给孩子这样做的机会。

限制孩子破坏物品的行为。也就是说我们不能坐在那里眼睁睁地看着孩子把书撕烂或是在墙面上乱写乱画。交出控制权并不意味着你要眼睁睁地看着孩子把每个灯都玩坏,或是把你珍贵的CD一直玩到不能使用。你的孩子是聪明的,他们能够学会了解自己能玩什么、不能玩什么。

请将有关限制孩子损坏物品方面,你希望为孩子制定的界限写在下面提供的横线上。当你列完这些界限之后,请你再回头看一遍是否有些条目可以通过避免这种情况的发生来删除。例如,如果你的孩子喜欢撕书,你可以把书放到孩子拿不到的地方。

_____

_____

_____

_____

限制孩子不卫生的行为习惯。也就是说不要让孩子把手伸到马桶里,不能咬尿布,或者吃他人的药膏等。

请将有关限制孩子不卫生的行为习惯方面,你希望为孩子制定的界限写在下面提供的横线上。当你列完这些界限之后,请你再回头看一遍是否有些条目可以通过避免这种情况的发生来删除。例如,你可以把家里的洗手间锁上,这样你不在的时候孩子也不会到里边去玩。

_____

_____

_____

_____

明确孩子的睡觉时间。孩子上床睡觉的时间应该由你说了算。我知道,有些家长朋友可能会觉得自己的孩子就是不肯上床睡觉,而家长们自己也不知道该如何去鼓励他们尽快入睡。第10章将会在这一方面给你提供一些具体的建议。现在,请你写下你希望孩子几点钟上床睡觉,现在我们只考虑你所希望达到的结果,而如何实现这些想法我们将在第10章进行讨论。

下面请你写出你希望孩子几点上床睡觉或是待在自己的房间里。

_____

_____

_____

_____

_____

....

制定界限时的态度

要以关爱而非惩戒的态度。当我们的孩子犯了"错误"时，我们很可能会用批评或惩罚的方式去纠正他们。与此相反，我们也可以把这看作是一个向孩子表达爱意的机会。设置界限是一个帮助孩子学会如何照顾自己、他人和周围环境的机会。这是与孩子分享一些重要知识的绝佳机会。当我们从这个角度来思考问题时，我们将更容易以一种平和、善意和开放的态度去处理问题。我们的孩子也更容易理解我们不单纯是为了阻止他们去做喜欢的事情，而是为了帮助他们。

始终如一。我们设置的每个界限都要有具体的原因。这样有助于我们坚持这些决定，而不会摇摆不定、朝令夕改。任何界限的制定都要始终如一。如果我们不能坚持如一的话，我们的孩子很有可能会越轨。这些界限的遵守离不开坚定的决心。

立场坚定。一定要坚定不移地遵循你制定的界限。

Harry是一个4岁的孤独症男孩，他总是想喝马桶里的水。为了保证他的安全，我在马桶上坐了45分钟。为了让我离开马桶，Harry用尽了各种手段。他想把我弄走，这样他就又可以喝到马桶里的水了。我知道我在用最有爱的方法帮助他去理解喝马桶里的水是不健康的。在这件事上，我的立场非常"坚定"，因为我知道不管他用什么方法，我都不会离开那个马桶让他去做伤害他自己健康的事情。他花了45分钟，踢我、推我、拉我、打我、扯我的头发、声嘶力竭地尖叫着"下来！"。当他用尽全力地做这一切的时候，有两个坚定的信念支撑着我，使我坚信要与这个固执的小朋友坚持到底："现在没有比帮Harry设定这个非常有用的界限更为重要的事了。""给Harry制定这个界限是爱他，是为了让他知道什么是健康的、什么是不健康的。"后来，他的确停了下来，转而去游乐室玩起书来了。通过这种我会一直坐在马桶上直到他放弃的方法，我让他明白了无论他做什么，我都会坚持我所划定的这个界限。因此，他学会了去遵守我的这些界限，也知道了我是信守诺言的，他可以相信我跟他说的话。之后，他在我在场的时候再也没有去尝试喝马桶里的水。

提前和孩子沟通你所制定的界限

无论你的孩子是否会说话、语言能力如何,提前和他们解释你所制定的界限都是非常有用的。向孩子解释这些新的情况,这样当你将它们付诸实施的时候,孩子们不会大吃一惊。

如果你的孩子还不会说话,你要利用他坐在你腿上或是坐在你身旁的时间、他坐下来吃饭的时间或者是他在浴盆里的时间,去提前向他解释一些新的界限。如果你打算制定5个新的界限,你要一个一个地跟他解释,每次只能解释一个。

如果你的孩子会说话,选择一个他没有表现出重复刻板语言的时间,比如说当你和他一起走在路上或是坐在车里的时候。

当我们提及这些新的界限时,一定要跟他们解释制定这些界限的详细原因,并且告诉他们这是为了保护他们、让他们保持安全和健康。我们一定要确保孩子能够理解到我们是为了保护他们,而不是武断地去决定他们能做什么或是不能做什么。

例如,如果你想制定的界限是在吃东西的时候不能玩蹦床,你可以这么说:"我知道你想玩蹦床,但是你现在嘴里还有食物。吃东西的时候跳来跳去很可能会噎到你。也就是说食物会卡到你的喉咙里,然后你就不能呼吸了。为了帮助你,在你吃饭的时候我要把蹦床拿开。当你吃完之后,你可以尽情地跳,我只是想尽可能地保证你的安全。"

如何制定界限

我们是出于照顾孩子、确保他们安全的目的而制定这些界限的。我将以"不要把手放到马桶里"为例来说明如何制定界限。

1. **一边行动一边解释**。你可以这样说:"马桶里的水有很多细菌,所以我要把你的手从马桶里拿出来,这样你才不会生病。"当你把孩子的手从马桶里拿出来时,要用充满爱意的、平和的语气跟他解释。

2. **确保他们不会再犯**。仔细观察周围的环境,确保孩子不会轻易再犯。你可以站在物体的前面挡住孩子的去路,或者可能的话,也可以把物体放到孩子拿不到的地方。显然,我们不能把马桶放到孩子够不到的地方,但是我们可以把马桶盖盖上,然后坐在上面,这样孩子的手就不能再伸进马桶里了。这样做的时候你一定要以一种轻快而充满爱意的方式。记住,制定这些界限对孩子来说是非常有益的,这将使我们更为从容地、面带微笑地去完成这些事情。这样的话,孩子也会明白我们是在帮他去做一些新的事情,而不是因为他犯了错误。

3. 提供其他选择。我们想让孩子知道我们是能够帮助他们的。爱萌计划®中将其称为"友好"原则。表达"友好"的一种方式就是提供可以选择的其他方案。通过这种方式,告诉孩子我们知道他想做什么,我们在意他的想法,我们会帮他找到一种更安全的方式来达到这一目的。这种方式会使孩子在想要帮助的时候过来找我们。孩子越觉得我们有用,就越会接近我们,我们也就有更多的机会来教导他们学习本书中所列出的各种生活技能。为了提供可以选择的其他方案,我们需要知道孩子到底想要什么,所以需要花时间仔细想一想:通过那些活动,他们从中获得了什么。比如说孩子把手放在马桶里,其实是想玩水,那么我们就可以跟他解释,让他知道他其实可以在水池里玩水,而不能在马桶里玩。这样我们就可以提供给他在水池里玩水的选择。

如果你的孩子喜欢撕书,我们要先向孩子解释我们想保持书的完整,这样他们以后也可以阅读这本书的内容,然后我们可以给孩子们提供一些纸作为替代让他们来撕。这样我们既可以保证书的完整,孩子们也可以享受他们想做的事情。如果孩子喜欢玩药瓶,喜欢听晃动药瓶时发出的声音。那么可以给他们提供另外一个装着大米的小瓶子,这样当孩子晃动药瓶时也可以发出相似的声音。这样的话,孩子既可以玩又能保证安全。

4. 要坚持原则。一定要立场坚定、坚持到底。不管孩子对这些界限如何反应,我们都要足够勇敢、决不动摇。这也是我们在制定这些界限时,为什么要足够谨慎的原因之一。我们要确定,这些界限我们确实是打算始终坚持的。

孩子可能会告诉我们他的确非常需要做某件事,或者非常想要某件东西,通过这样的方法来试图说服我们放弃这些界限。我曾经遇到过这样的孩子,他们说我很残忍、不通人情,或者说如果我不让他把空调拆开的话,他就去死。一个非常顽皮的男孩曾告诉我,因为我不让他用黑色记号笔在游乐室的墙上画查理布朗,他再活下去也没有任何意义了。而仅仅过了30分钟之后,他就像个小绵羊一样,在白板上非常开心地画起了查理布朗。另外,还有一个小女孩曾非常有礼貌地跟我说:"Kate,你这样太荒唐了,我妈妈一直都允许我这么做。"吃记号笔——嗯,我不这样认为。

对于那些不会说话的孩子,他们可能会通过哭闹的方式来告诉我们他们真的真的非常想去做那件我们不允许他们去做的事情。他们可能不停地把我们的手举到放记号笔的地方,希望可以继续在墙上画画。他们也可能会打人、咬人、吐口水或用其他更多的方法。为了能够找到一种方式让我们同意他们做自己想做的事情,上面这些行为他们都有可能会尝试。但是现在,作为成年人,我们必须拿定主意,以大局为重,不能屈服于孩子想要得到一时满足的欲望。

我们可以告诉孩子,即使他这么做,我们也还是会制定并遵守这些规则和界限的,因为我们爱他,要保证他的安全和健康。一定要坚持到底。有些界限的制定可能要花上一段时间,但一旦孩子知道我们是认真的之后,就很可能会省去我们再次制定的麻烦。如果孩子还是以上述的方式不断挑战这些界限,我们要尽量保持冷静平和。为了帮你做到这一点,你可以这样想:现在没有比给孩子制定这个界限更重要的事了,虽然这要花很长的时间,但这对孩子却是有益的。

孩子们想要做的是挑战这些界限——而我们要做的是坚守这些界限。

疑问解答

我的孩子喜欢咬所有东西,甚至是家里的木制品,这样对他的牙非常不好,而且我也害怕他会被木刺扎到。因为现在家里到处都是木制品,请问我该怎样制定一个界限防止这类事情的发生呢?

给孩子一个替代选择:准备一个大盒子,里边装满他可以咀嚼的玩具。你可以给孩子买一些非常不错的可咀嚼玩具(比如,可以在www.arktherapeutic.com网购)。你可以在每个房间都放上一个可咀嚼玩具,或者把可咀嚼玩具像项链那样系在孩子的脖子上。这样的话,当你想给孩子一个替代选择的时候,总会有合适的东西在手边。

每次孩子想要去咬木头的时候,你都要温柔并且快速地把他拉开,然后给他提供一个可咀嚼玩具让他去咬。你可以尝试不同的可咀嚼玩具,直到孩子找到他最喜欢的那个为止。如果孩子喜欢咬木头,那他很有可能喜欢咬硬的可咀嚼玩具。每次他咬木头的时候都拿这个来作替换,一定要坚持这一界限并提供替代选择。如果你能坚持这一点,即使你可能需要重复做很多遍,但你的孩子最终会明白并且很可能会去尝试从可咀嚼玩具那里寻求刺激,而放弃咬木头的行为。

我的孩子喜欢把唾沫吐在窗户上,然后用手把唾沫涂抹成各种图案。我需要为此设置界限吗?

在这一点上,我将提醒你审慎选择是否要设置界限。你的孩子往窗户上吐唾沫、在窗户上玩自己的唾沫,这些行为对窗户、对你的孩子和对其他人都没有伤害。它不会危害健康,因此似乎没有必要为此而制定界限。如果你的孩子是普通儿童的话,你可以限制孩子的这一行为;但对于孤独症儿童,我建议你不要这样做。对于具有孤独症谱系障碍的孩子,我们要尽可能少地为他们设置界限。这样的话,我们依旧可以创造一个环境,让孩子把我们看做是可以与他们进行互动的、对他们有帮助的人,而不是总要阻止他们去做那些对他们而言非常重要的事情的人。

我的孩子喜欢玩洗涤精瓶子。因为我不想让他这样,所以当他拿着洗涤精瓶子时,我会给他一个空瓶子去作替代,但是他却不肯放下手里的那个装着洗涤精的瓶子。这种情况下我该怎么做呢?

如果你因为担心孩子的安全问题,或是担心孩子把某个东西弄坏了,而不想让他拿着那个东西的话,你可以用另一个他可以拿着的东西作为替换。就拿这个例子来说,你可以用一个空的塑料瓶来交换他手里装有洗涤精的瓶子。当你做这种替换时,你一定要在孩子紧攥住那个东西之前用足够快的动作把它替换出来。如果孩子不肯放手的话,你也不要和孩子起冲突、把他推来搡去,因为这会让孩子更兴奋、更想攥紧那个东西。相反地,你要抓住你想要交换的那个东西,当孩子往回拽那个东西时,你也要顺着他的方向,这样就避免了冲突的发生。在你这么做的时候,你可以和孩子这样说:"我会一直拿着这个,直到你放手为止。你拿着这个太危险了,如果你吃了瓶子里的东西,你会生病的。"然后你要一直拿着那个东西,当孩子往回拽的时候,你也要顺着他的方向。这就意味着你的孩子可能会攥着那瓶洗涤精走来走去,而你也要抓住那个瓶子跟着他一起走,这样可能会僵持几分钟——一旦孩子放手,你就可以把东西拿走了。如果没有冲突的话,孩子很快就会觉得厌倦了,然后他就会放手了。一旦他放手,你要立刻表扬他并把替代物递给他。

这个方法我在美国孤独症治疗中心使用了无数次——这是一个非常有效的宝贵方法!

我的孩子喜欢在墙上画画。我按你建议的那样给他一张白纸用来替代。这个方法有时候奏效,但有时他拿着笔,会完全忽略我给他的纸,继续在墙上画画。我应该怎么做呢?

关于这个问题,你可以从以下两个角度来考虑:

- 这可能是一种"按钮"行为,也就是说孩子有时会在墙上画画可能只是想看看你的反应。比如,他可能知道你不希望他这么做,他只是想看看如果他这么做了,你会有什么反应。例如,有些家长会提高音量,或者是用很尖的声音告诉孩子不要这么做。判断孩子的这种行为是否是"按钮"行为的一个方法是看他在墙上画画的时候是不是会看着你。如果他看着我们的话,这通常提示我们,比起在墙上画画这件事本身而言,他对于你的反应更感兴趣。如果的确如此的话,我建议你阅读本书第6章中关于"按钮"行为的内容,这部分内容将会详细介绍你应该怎样去应对孩子的这种行为。

- 这也可能是因为在墙上画画这件事本身对他来说是无法抗拒的。如果你按照上面提到的建议排除了"按钮"行为的可能性,那很有可能是因为他对这件事本身太着迷了。我们可能已经跟他讲遍了我们所能想到的各种道理,但他可能有自己的一套特定的理由,他只是觉得自己"需要"去做这件事。如果情况是这样的话,我不会让他拿到笔。直到有一天他拿到笔后也不会再有一定要到墙上画画的冲动之后,我才会把笔交给他。我建议你不要在家里放任何笔；如果你还有其他孩子想要用笔的话，你可以给他们提供一个特定的房间，保证你的孤独症孩子不能进入这个房间。当其他孩子想用画笔的时候，要确保孤独症的孩子不在这个房间里。我建议你放笔的时候也要非常小心。要确保把笔放到一个特定的地方，而且你和你的爱人每次用完都要记得把笔放回原位。然后，我建议你每隔3个月左右做一次试验，给你的孤独症孩子一些画笔和画纸，告诉他让他在纸上画画。随着他的成长，他遵守规则不在墙上画画的能力可能会有所改进。

制定界限行为检查清单

1. 制定的界限要尽可能的少。
2. 围绕以下内容制定界限：
   - □ 对孩子可能造成伤害的行为；
   - □ 对孩子来说有危险的行为；
   - □ 对孩子来说不健康或不卫生的行为。
3. 统一战线。每一个和孩子接触的人都要知道有哪些界限以及应该如何执行这些界限。
4. 提前和孩子解释你制定的这些界限。
5. 要让孩子明白，你制定这些界限是为了照顾和帮助他们。
6. 把这些界限看做是表达爱的方式而不是惩罚。
7. 当你制定界限时：
   - □ 你的语气和行为都要充满爱意和关心。
   - □ 向孩子解释你在做什么、为什么这么做。
   - □ 要始终如一。
   - □ 要立场坚定——坚持将界限贯彻到底。
   - □ 要保证不能给孩子再犯错误的机会。比如说，如果他刚刚把手放到马桶里了，你要坐在马桶上确保他不会把手再次伸进马桶里。
   - □ 给孩子提供其他选择。比如说，如果孩子在撕书，你可以给他一些纸让他撕。

第3章

相信孩子的学习能力

我知道你相信你的孩子。此时此刻,你正在阅读这本书,相信这本书能够指导你帮助自己的孩子。如果你不相信你的孩子可以学习和成长,你是不会这么做的。而这相信本身就是你能为你的孩子做的最强大的事情之一。这份信念将支持你不断去尝试。这份信念将激励你付诸行动、为孩子付出更多。当你与孩子一起踏上这个征程时,心中要始终保持这份信念,并时刻提醒自己不要忘记。永远不要让任何人动摇你。作为孩子的父母,你是他们最重要的支持者、鼓励者和指导者。请相信,你的孩子是有可能学会本书中所讨论的这些技能的,比如:

- 学会上厕所;
- 自己刷牙;
- 早晨起来自己穿衣;
- 学会温和待人;
- 彻夜安睡;
- 使用得体的词汇和手势与人沟通(而非发脾气);
- 尝试新的食物。

也许有些家长对孩子能否学会上述某项或某几项技能会有所怀疑。当家长心中有怀疑的时候,他们通常会告诉我,那是因为他们没有看到孩子能完成这项技能的任何迹象。然而,我们的孩子目前的能力和状态并不能完全预示他们将来能做什么或不能做什么。

我们仔细体会一下"信念"这个词的含义。我们会在无需看到结果的情况下,相信很多事情。我们种下种子,在它们破土之前,就相信这些种子会长得枝繁叶茂。这一信念支持着我们为种子浇水,并确保它们接受到生长所需的足够的阳光。当我们的孩子还是婴儿的时候,我们就相信有一天他们会学会走路,所以我们牵着他们的小手,鼓励他们迈出第一步。我们不能因为孩子被诊断为孤独症,就认为他们不能成长、不能成熟、不能实现他们的全部潜能。这仅仅意味着他们与同龄的普通孩子的学习方式是不同的。这个信念是帮助我们为他们作出尝试的导向力。没有孩子单靠自己就能学会所有东西,成年人需要给他们机会和鼓励。我们的孩子在学习某些技能时,需要更加努力,而且可能要比同龄的普通孩子花更长的时间才能学会,但是这并不意味着他们不能学会。我们不要因为孩子目前的状态而怀疑他将来的潜力。

在爱萌计划®强化训练中,常常有家长让我们处理孩子的各种自理技能。有一周,我们要帮助一个叫Karim的小男孩学习刷牙。于是工作人员热情巧妙地创造了各种游戏,给Karim制造了各种机会让他喜欢去刷牙。在第四天,我们为Karim提供了很多刷牙的机会,我们坚持不懈,把刷牙设计成一件有趣的事情。虽然在我们兴冲冲地鼓励他刷牙时,Karim会微笑着看着我们,但是他却并没有亲自动手去刷牙。他的母亲告诉我,她希望我们不要再继续尝试下去了,因为她觉得Karim显然不会或不愿意刷牙。她的推理是,如果孩子会刷牙的话,到现在他早就已经能刷了。我正要问她为何会这样想时,我们的一个工作人员兴冲冲地跑来告诉了我们一个激动人心的消息,Karim刚刚拿起了牙刷并把牙刷放进了嘴里。Karim好样的!

Karim的母亲做了一件我们都经常会做的事,设置一个时间表,当时间节点到了的时候,她就会认为孩子将不会去做这件事情了。我们并不清楚,对于我们的孩子而言,掌握这些技能需要多久的时间。但我们可以肯定的是,如果我们不再相信这种可能性,我们就会放弃,那么我们的孩子也就永远不会再有学会这些技能的机会了。全身心地关注你希望孩子学会的技能,给予他们足够的机会去实现这一目标。

对你认为孩子目前所能达到的能力进行重新检视

停下来反思一下自己。当你谈论你的孩子时,是否会用以下句式作为开始:

- 他不能……
- 他以后不会……
- 他现在不会……

我确定你很可能会发现自己用过这些句式,我们所有人都或多或少会这么说。这样说并没有什么错。也许你说的这些确实是孩子目前的真实状况。然而,我们一定要密切观察孩子的状态,看他现在是否仍旧如此。他们昨天能或不能做什么与他们今天能或不能做什么没有任何关系。

我遇见过一位家长,她因为孩子能自己穿毛衣而惊喜不已。当我把毛衣给这个孩子让他自己穿的时候,他就做到了。而他的母亲以前不相信他能做到,因此从未给过他这种机会。

另一位母亲也同样惊喜地发现,孩子可以用勺子吃苹果酱了。而我只是给他提供了一把勺子,虽然他一开始并没有接过勺子,但当我告诉他用勺子会很有趣,而且这样一来手指也就不会再弄脏了之后,他听取了我的解释,然后就接过勺子并用了起来。他的母亲跟我说,她从没想过孩子会学会用勺子,因为他以前从未用过,因此她也从未让他做过这件事。

这仅仅是两个例子。很多时候,因为身边的大人们不相信孩子的这些潜能,他们的很多能力便没有被发现。正因如此,我们十分有必要对那些我们认为的孩子目前所能达到的能力水平重新检视一遍。

作为家长,你是最了解你的孩子的人。你对孩子的了解是广泛而深入的。比如:

- 他喜欢的颜色;
- 他喜欢吃的食物;
- 他会和你一起唱的歌曲;
- 他不让你玩木偶;
- 每次你唱"生日快乐"时他都会流泪;
- 当你大声说话时,他会跑开藏起来,或者用手盖住你的嘴;
- 他不玩玩具,而是喜欢玩绳子,喜欢用手指敲打地板和墙面。

你知道这些是因为你曾经一次又一次地看到了太多确凿的证据。如果在你的经验中,孩子从不让你玩木偶,那么我认为这足够表明:就目前而言,情况的确如此。但它并不是一成不变的。重要的是,你要定期地观察你的孩子,看看这个木偶事件是不是依然存在。也许6个月前的确如此,但是你的孩子现在已经进步了,现在他喜欢你玩木偶了,但是由于你对以前观察到的情况从未怀疑过,在6个月里你从没尝试这么做过。如果不去质疑我们对孩子的观察,我们就会错过新的学习和成长的机会。

别再说:

- 他不能……
- 他以后不会……
- 他现在不会……

而要练习去说:

- 我的孩子已经准备好……

敞开大门,让孩子随时可以去开始做一件事。因此,我们要给孩子更多的机会,并不断观察他们有无开始的迹象。要记住,我们所说的话孩子们都在听着。你可能已经注意到,我会将这些孩子中的某个特定群体描述为"目前还没有语言的",而不是用更传统的描述"失语的"。这是因为前者能更确切地形容这些孩子。如果我们用"失语的"来形容他们,我们的言下之意是他们以后将一直这样。但我并不这样认为。我们的孩子总是在不断进步和改变的。

练习3.1

....

请在下面提供的横线上填写十件你在孩子身上观察到的事情,并在接下来的几周中,检查这些观察是否仍然正确。养成每个月都这样做的习惯。通过这种方式,你将更加实时地了解孩子愿意去尝试、经历和实践哪些事情。

1. _____

2. _____

3. _____

4. _____

5. _____

6. _____

7. _____

8. _____

9. _____

10. _____

第4章

动机：一切事情的关键

动机就是一切。当我们真正感兴趣并享受我们正在做的事情时，我们会工作得更努力、学习得更快、投入得也更多。Raun K. Kaufman在《孤独症突破：帮助了全世界家庭的革命性方法》一书中写道：

动机是成长的源动力。它是孩子学习和进步过程中最重要的因素。当孩子遵循自己内心的兴趣和动机时，就会学得又快又好（Kaufman 2014）。

我曾接触过一个美丽的7岁小女孩，她叫Gabriella。她特别热爱食物，整天都要吃东西或是拿着食物的图片看个不停。那时，食物是她唯一的动机。因为Gabriella的注意力几乎全都集中在食物上，她的父母试着转移她的注意力，让她做点别的事情。他们想让她读书、学数学，学习更多"在这个世界生活所必备的"技能。为了达到这一目的，他们让孩子接触与食物完全无关的事物。但一点效果也没有。她对父母提供给她的东西完全不感兴趣。这是因为他们完全忽略了她喜欢的东西——食物。

我们的理念是利用孩子的动机，把你希望孩子学习的目标或技能与他们喜欢的东西联系起来。在Gabriella身上，我们就是这么做的。因此，我们没有试图让她远离食物这一主题，而是接受了它，并让食物成为我们提供给她的每件东西的焦点。接下来的2年里，通过对各种不同食物的命名，她学会了说话。通过烹饪自己喜欢的菜肴和称量食材，她学会了数学。通过创造自己的食谱，她变得灵活自如。通过学习不同地域的美食，她了解了世界各地的不同文化。她甚至学会了法语和意大利语！

我们一定要注意，这并不是说要在孩子完成某项任务之后给他奖励，而是说应该围绕孩子的兴趣点开展活动或学习。这一点非常重要，因为在你鼓励孩子学习本书中所提到的所有技能时，你都会用到这一条。

Carl是一个10岁的男孩，他喜欢那种断断续续的节奏。他会用手指在地板、墙面和书背上敲出节奏。他特别喜欢躺在椅子上敲击节奏。我们工作的目标之一是鼓励他多活动。所以我带来了一根跳绳。我没有用传统的方式向他介绍跳绳，而是向他展示了如何用跳绳完成他感兴趣的活动。我拿着跳绳的手柄敲了一段节奏。然后我把跳绳递给他，他也敲了一段节奏。接着，我挥动跳绳，让它在地面上打出一段节奏。这让他对跳绳产生了兴趣并且拿着跳绳玩了起来。我们玩得很开心。这一阶段的训练结束时，他已经开始尝试跳绳了。Carl真棒！围绕他的动机开展活动让他变得活跃起来，达到了训练的目标。

弄清楚你的孩子的动机是什么

我们可以通过观察孩子会关注哪些物品来了解他真正的动机。然后把我们为孩子制定的目标与他自己的动机联系起来。本书是关于如何利用孩子们自身具备的技能来帮助他们，例如洗澡、如厕、尝试新食物等等。如果我们能采用让孩子感兴趣的方式的话，那么这些努力将更易于成功。有些家长一眼就能看出孩子的动机是什么，而另一些家长可能观察不到明显的动机。以下练习可以帮助你找到孩子的动机。

练习4.1

每天用15分钟时间观察孩子独自玩耍时的情况，共观察5天。不仅要关注他们在玩什么，而且要观察他们是怎么玩的。他们主要应用哪些感官？在观察他们的时候，要注意他们在做什么，如果他们在用手指敲打物体的话，那这就是他们的动机。孩子不一定是用传统意义上的方式去玩玩具。这些孩子的玩耍和探索方式与众不同。下面的列表将帮助你用独特的视角来观察孩子。你只需在与你孩子的情况相符的方框内画钩。

他有节奏地触摸或敲击物体：

☐ 节奏较快。

☐ 节奏较慢。

☐ 节奏是不连贯的、断奏的。

☐ 节奏是切分的。

如有补充，请将你孩子的节奏填在下面提供的空白处。

_____
_____
_____
_____
_____
_____

_____

_____

_____

_____

他喜欢视觉刺激：

▫ 他斜着眼睛看东西。

▫ 他将物体整齐地排列成行。

▫ 他喜欢按场景摆放物体。

▫ 他喜欢把物体堆成堆。

▫ 他会注视墙壁、天花板、木制品或电灯开关。

▫ 他一边缓慢地晃动手指，一边专心地注视着它们。

▫ 他一边用手指摸着图案，一面观察图案。

▫ 他反复观看电视节目后面不断向下闪过的演职员表。

▫ 他画画。

▫ 他喜欢观察粉笔灰下落。

▫ 他观察运动的物体，如电风扇或其他电器。

▫ 他盯着木地板上的反光看。

▫ 他观察空气中掉落的小东西(如米粒)。

▫ 他观察丝巾在空中飘落。

▫ 他仔细观看汽车轮子的旋转。

▫ 他观察绳子的摆动。

▫ 他在地板上摆动皮带，观察它像蛇一样运动。

如有补充，请将你孩子观察的东西以及通过何种方式观察填在下边提供的空白处。

_____

_____

_____

_____

_____

_____

_____

_____

_____

_____

他喜欢进行躯体活动:

☐ 他从房间的一边跑到另一边,用双手捶击墙壁。

☐ 他大步伐地走路,开始很慢,然后加速;然后又减速,再加速。

☐ 他晃动双手,主要是为了刺激手腕。

☐ 他只晃动他的手指。

☐ 他来回摇头。

☐ 他用舌头顶着一侧的脸颊。

☐ 不管拿到什么,他都会放进嘴里咬。

☐ 他拍打自己的头、腿或是拍手。

☐ 他跳来跳去。

☐ 他总是在动。

☐ 大部分时间他手里都拿着一件物品。

如有补充,请将你孩子的特定躯体活动填在下边的空白处。

_____

_____

_____

_____

_____

_____

_____

_____

_____

_____

_____

他喜欢听声音:

☐ 他把小汽车放在耳朵旁边听车轮转动的声音。

☐ 他跳跃、旋转或观察物体掉落时会发出声音。

☐ 观看腰带掉落时,他会去听腰带扣落地时发出的咣当声。

☐ 他砰地关门,听开关门时门把手发出的喀哒声。

☐ 他用一种特定的语调或节奏反复说同样的短语或字词。

□ 他摇铃。

如有补充,请将你孩子喜欢听的声音填在下面提供的空白处。

_____

_____

_____

_____

_____

_____

_____

他喜欢模式化的游戏:

□ 他喜欢猜谜语。

□ 他喜欢数字。

□ 他喜欢拼写单词。

□ 他喜欢做数学题。

如有补充,请将你孩子感兴趣的模式化游戏填在下边提供的空白处。

_____

_____

_____

_____

_____

_____

_____

他喜欢体验物体的质感和触感:

□ 他喜欢软的东西。

□ 他喜欢硬的、粗糙的质感。

□ 他喜欢毛茸茸的东西。

□ 他喜欢砂纸。

□ 他喜欢把自己裹在毯子里。

□ 他喜欢丝质衣服。

□ 他喜欢在手臂上上下移动小汽车。

□ 他喜欢轻柔的抚摸。

□ 他喜欢勒紧时的挤压力。

□ 他喜欢丝带。

□ 他喜欢头发的质感。

如果你孩子喜欢其他触感，请将其填在下边提供的空白处。

_____

_____

_____

_____

_____

_____

_____

他喜欢什么样的空间？

□ 他喜欢把门和窗户开着。

□ 他总是会把门关上。

□ 他喜欢坐在软垫里。

□ 他会在桌子下面玩耍，或在一个小的帐篷或玩具屋里玩耍。

□ 他喜欢被围在一堆书或毛绒玩具中间玩。

□ 他喜欢在暗处玩。

□ 他喜欢在亮处玩。

如果你的孩子喜欢其他空间，请将其填在下面提供的空白处。

_____

_____

_____

_____

_____

_____

_____

他喜欢哪种角色的玩偶？

□ 塑料的动画片里的角色玩偶？

□ 软毛绒的动画片里的角色玩偶？

□ 电影角色的玩偶?

□ 故事书里的角色玩偶?

请将你孩子喜欢的角色玩偶填在下面提供的空白处。

_____

_____

_____

_____

_____

_____

_____

你的孩子喜欢什么音乐或歌曲?

请将其填在下边提供的空白处。

_____

_____

_____

_____

_____

_____

_____

你的孩子是否对某些颜色有偏好?

如果有,请将其填在下边提供的空白处。

_____

_____

_____

_____

_____

_____

_____

_____

练习4.2

在这个练习中,请注意孩子对你的行为是如何反应的。在你阅读下列条目时,请你考虑孩子是否喜欢你的这种举动。如果你不确定,你可以和孩子一起尝试一下,看孩子是否喜欢。如果他们确实喜欢的话,那这就是他们的动力。

☐ 用有趣的声音讲话,比如用米老鼠或唐老鸭的声音;

☐ 采用滑稽的行为,如假装被香蕉皮滑倒;

☐ 夸张的手势或面部表情;

☐ 表扬他们或为他们举行大型庆祝活动;

☐ 对他们唱歌;

☐ 弹奏乐器;

☐ 以夸张有趣的方式跳舞;

☐ 耳语、说悄悄话;

☐ 满怀期待;

☐ 轻声说话;

☐ 拍手鼓掌;

☐ 假装自己是一只动物;

☐ 大声读书;

☐ 挠他痒痒;

☐ 大力挤压;

☐ 对着他的身体吹气。

请将你做过的可以激励孩子的其他行为补充在下面提供的空白处。

_____

_____

_____

_____

_____

_____

_____

_____

_____

_____

现在你已经掌握了孩子的动机,并为他创建了一套个性化的动机清单。在你阅读后续章节的时候,围绕孩子的这些动机组织活动,利用这些动机来激励孩子完成本书中的各项目标。例如:

Marcus的故事:目标=引入新的食物,动力=蜘蛛侠

Marcus是个5岁的小男孩,非常喜欢蜘蛛侠。我见到他时,他的所有衣服都是蜘蛛侠服——超可爱!他对蜘蛛侠非常着迷,却并不喜欢吃东西。他体重偏低,他的父母非常担心他的健康。所以我们把他对蜘蛛侠的喜爱与吃东西联系在了一起。我们开始编造故事说:蜘蛛侠在完成超级英雄的工作之后特别喜欢吃东西。Marcus喜欢画画,所以我们一起画蜘蛛侠,在所有可能的地方我们都描绘蜘蛛侠在吃东西或是驻足在商店里购买他喜欢吃的食物。这些食物当然都是我们希望Marcus吃的。然后我们会将所谓的"蜘蛛侠大餐"拿进来,我们将食物盛放在印有蜘蛛侠的餐盘上。在我们玩耍期间,我们会停下来一大口一大口地吃蜘蛛侠餐。几周之内,他的体重就开始增加了。这是因为我们围绕他最喜欢的东西来组织活动,尽可能地让吃饭这件事变得有趣。

尽情享用吧!

第5章

与你的孩子沟通——解释的力量

对于你的孩子,你要相信两件事:

- 他们是聪明的。
- 他们可以听懂我们对他们说的话。

这两个信念,如果你能够相信的话,将会对你和孩子的未来产生极大的影响。它会影响你施行本书中每一项建议的方式。它也会使你的孩子能更愿意去学习和尝试本书中所讨论的各项技能。

如果你的孩子有较高的语言能力,上述观点可能是显而易见的。但是如果你的孩子的语言能力一般或目前尚没有语言,上述观点则可能是开创性的。如果的确如此,我为你感到由衷的高兴! 因为如果你能相信上述两个观点的话,它将会完全改变你和孩子的生活。你不会为此损失任何东西,却可以有很多收获。

你的孩子是聪明的

这个信念对于孩子的成功至关重要。为什么呢? 研究表明,我们对孩子智商的认知会直接影响孩子的成败。这就是所谓的"皮革马利温效应(Pygmalion effect)"或"罗森塔尔效应(Rosenthal effect)"。"当我们期待别人的某种行为时,我们表现出的行为会使这种期待的行为更容易发生"(Rosenthal and Jacobson, 1968)。

Rosenthal曾预测:当告诉小学教师某些学生比其他学生有更高的智商时,教师们无意间的行为方式会促使这部分学生取得成功。"在教育方面,抱怨学生的教员会营造出一种失败的氛围,而欣赏学生能力的教员会营造出一种成功的氛围"(Rosenthal and Babad, 1985)。这说明我们思考的方式以及我们对孩子的看法会影响我们每天与孩子相处的方式。

我们中的大多数人都曾发现我们的孩子其实很聪明,他们对周遭发生的事情有很好的理解能力。Sam就是一个很好的例子。他成功地登录到父母的电脑并购买了去"乐高乐园"的门票。在这个过程中,他需要使用父母的信用卡,这包括把卡片翻过来然后输入安全码！当时，Sam只有7岁并且还不会说话。这是他的父母首次意识到他能够阅读。我曾遇到过很多这样的孩子，他们虽然还不会说话，却能打开十分复杂的锁，甚至可以在不看拼图块的情况下完成10 000片的拼图。所有这些都需要极高的智力。

闭上眼睛，仔细想一想你的孩子都做过哪些可以展现他们才能的事情，或者孩子的哪些行为曾让你感到惊讶、感叹"我从不知道他会这个"。这些迹象表明：你的孩子有时会隐藏他们的才能。

你的孩子可以听懂你说的话

19世纪后期，当脑瘫首次作为一种疾病诊断时，人们曾认为脑瘫患者会同时伴有智力缺陷。现在，它仅仅被作为一种生理疾患。幼儿启蒙基金会（the Early Childhood Initiative Foundation）声明："从定义上来说，脑瘫并不能告诉我们关于患儿学习和理解能力的任何信息。不同患儿的学习能力和学习速度并不相同。"

该领域的专家已经知道，脑瘫患儿不能说话的主要原因是他们不能控制面部肌肉。但仅凭这点并不能说明他们会有智力缺陷或不能理解别人跟他们说的话。

在这一点上，我认为孤独症儿童也没有什么不同。他们的全部精力通常都会用在处理自身的感官体验方面，以至于他们并不总能表现出能够理解我们所说的话。很多已经生过孩子的妇女会有这种体会：在分娩过程中，她们会忽视陪同在身旁的人。分娩的体验如此强烈，她们根本不可能再分心去回应别人。但这显然并非由于她们不理解旁人所说的话，而是因为她们的全部精力都集中在其他事情上。我们的孩子也会有类似的体验。他们所面临的挑战是以我们能理解的方式来回应我们。缺乏回应并不意味着缺乏理解。

现在越来越多的证据表明，那些不能通过语言或肢体语言回应父母或是周围事物的儿童，可以在没有协助的情况下通过打字展现出他们对每一件事物的意识，并且他们对自己的生活拥有自己的想法、观察和渴望。Carly就是一个很好的例子（关于她的故事，请参考www.youtube.com/watch？v=vNZVV4Ciccg）。在她的第十级个性化教育项目中，当被问道"你觉得还有其他重要信息想与我们分享吗？"时，她回答说："我非常渴望学习，而且即使在我没有看着你的时候，我也在听、在关注"（Fleischmann，2012）。

Naoki Higashida也是一个可以独立通过打字来交流的孤独症少年。在他的书《我跳跃的原因》（*The Reason I Jump*）中，对于"你觉得幼稚的语言更容易理解吗"这个问题，他这样回答：

> 孤独症儿童也在成长，每天都会有进步，但我们却总是被当作婴孩

来对待。我猜这可能是因为我们所表现的行为看上去比实际年龄要小。但如果有人像小孩一样对待我，这会让我十分恼火。我不知道人们是觉得婴儿语言对我来说更容易理解，还是觉得我更喜欢别人用那种方式跟我讲话。我不是让你在与孤独症患者交流时故意使用复杂的语言—只是请你根据我们的年龄正常对待即可。每当人们用幼稚的语言和我讲话时，我都会觉得非常痛苦—就像是被别人认定了我的未来完全不会再有任何改变了似的（Higashida, 20 p.29）。

孩子确实会听到你所说的话。孩子能够理解你跟他说的话。你的孩子是聪明的。这是我每天与孤独症儿童相处所得的经验。我记得我曾与一个漂亮的3岁小男孩相处过15个小时，其中至少有13个小时他都在注视和抚摸一个粉红色毯子的吊穗，很少与我互动。所以我跟他一起玩耍、参与到他注视和抚摸毯子吊穗的活动中来。那时，他只能清楚地讲3个词语，交互注意时间仅为2分钟。他的父母在家里为他开展了全天的爱萌计划®。1年半之后我再次见到了他，我惊喜地发现他有了巨大的进步。他可以说话、与别人交谈，而且他的交互注意时间达到了20分钟，与我初次见到的那个小男孩有了天壤之别。在与我玩耍的前20分钟里，他非常详细地向我描述了18个月之前我们一起做过的事情以及当时我跟他说过的那些话。虽然当时他并不能告诉我他能够理解我跟他说的话，但很显然，他理解了。同时，他也展现出了很好的记忆力。

哪怕你的孩子并没有表现得像上面的例子那样明显，你是否会相信孩子可以理解你呢？你是否可以尝试相信一次呢？请问，为什么不尝试一下呢？毕竟这没有坏处。不论如何，它都不会伤害你的孩子。它只会打开孩子理解的大门并且帮助你们和睦相处。根据我的经验，我们把事情向孤独症孩子解释得越清楚，跟他们进行越多真正的交流，他们就越有可能会与我们合作并接受我们的指引。

用语言详细地跟孩子解释每件事情

为了融入这个世界，我们需要理解周围的环境中发生了什么。比方说，让孩子从一个地方转移到另一个地方可能会非常困难。如果你不清楚自己要去哪里以及为何要去那儿时，你难道不会有所抵触吗？我们的孩子每天都要被送到不同的地点：从学校到治疗室、从家里到诊室、去游泳然后回来。他们知道要去哪里吗？当他们被放到车上时，是要去有他们喜爱的秋千的祖母家，还是要去光线过于强烈、声音对于他们敏感的耳朵而言太过嘈杂的医院呢？至少当校车来的时候，他们可以清楚地知道这是要去哪里！根据孩子的年龄，用清晰的语言跟他们解释，会帮助孩子了解正在发生以及将会发生的事情。

清晰的言语解释会让孩子更易于接受我们想让他们服用的各种药物、营养品或维生素。他们是否知道这些制剂有用以及会给他们的身体带来何种益处吗？我们是打算让他们明白这些道理，还是打算偷偷摸摸地让他们吃下去而不告诉他们我们在做什么呢？告诉他们，让他们知道你希望他们服用的药物会缓解他们的疼痛并帮助他们康复。

清晰的解释有助于让孩子理解我们是在关心他们。假如我们不去解释为什么我们会对他们想要的东西说"不"，他们又怎么会理解我们是真心对他们好呢。例如，让孩子知道如果他吃下第八块曲奇饼干的话，他很可能就会生病肚子痛，你是出于对他的关心和爱才不让他吃的。又如，他们不能在下雨天出门，因为如果淋湿了就会感冒，这样就不能做他们喜欢的那些事情（比如跑步、跳高等）了。当我们向孩子解释的时候，我们是在用这种方式让他们知道我们是站在他们的立场上来帮助他们的。

当你详细解释了事情的原因、性质和内容之后，你很可能会发现孩子变得服从多了，反抗也变得少了。下列是一些实用的事例，可能会对你该如何向孩子解释有所帮助。这只是一个开始，并不是每件事情都包含在内，仅仅是一些帮助你理解的建议。

- 在早上你们准备离开家之前，告诉他们今天的日程安排，然后提前15分钟再次提醒他们：你们准备要出发了。
  - 告诉他们要去哪里。
  - 要在那里待多久。
  - 如果要去不止一个地方，去的地点顺序是什么。
  - 为什么要去那里？如果是购物的话，你准备购买这周的食物还是只买牛奶呢；如果是去探望祖母，是去庆祝祖母的生日还是你要去找她说说话呢，等等。一定要告诉他们真实的原因，无论这对于你来说是多么的简单乏味。
  - 去那里具体要做什么？例如，祖母家还会有别人么？大家会一起吃饭还是看电视呢？如果吃饭的话，你的孩子很可能会吃些什么？那里会很吵吗？他需要跟大家待在一起，还是可以去别的房间自己玩呢？大致讲一下将要发生的所有事情。
- 告诉他们你将要给他们换衣服了。
- 他们需要洗澡了。
- 为什么他们需要刷牙。
- 告诉他们为什么需要接受治疗。如果是言语训练，为什么这会有助于他们学会说话；如果是职业疗法，为什么按照治疗师指定的方式去做会对他们有益。
- 为什么你不想让他们在停车场跑来跑去，以及如果被车撞了他们的身体会怎样。

● 你给他们的药物具体是怎样起作用的。用他们可以理解的语言去解释。如果孩子已经十多岁了,使用医学术语或者可以直接向他们阅读说明书。如果孩子只有3岁,请使用3岁孩童可以理解的语言。

如果不相信孩子能理解,我们就不会跟他们解释。如果我们不跟他们解释,他们就不会知道发生了什么。当我们不知道将要发生什么的时候,我们很难去信任周围的人,甚至可能会抵抗或拒绝周围发生的事情。

假如他们不能理解怎么办

如果你很难相信孩子能够理解,那么请考虑下面的说法:即使孩子不能理解每一个词,但清楚的解释仍然是十分重要的。当我们倾听别人讲话的时候,除了语言本身,我们还能从"情感基调"中获得相关信息。情感基调是通过我们的语调、面部表情、肢体语言传递出来的。也就是说我们的孩子不需要听懂每一个单词但仍能明白我们言语背后的意思。当我们亲吻和拥抱他们时、跟他们说我们深深地爱着他们时,他们可以从我们的语调、肢体语言和面部表情中获得"我们深爱着他们"的信息。即使他们不理解更多信息,但知道我们是来帮助他们、保护他们并且是和他们站在一边的,他们也更有可能会信任我们并与我们和睦相处,因为我们在向他们传递这样的信息。如果我们不对他们说这些,那么这种信息也就不会传递给他们。

相信孩子内心的智慧

给孩子清晰的解释不仅能帮助孩子理解周围的世界,还能帮他们理解你为他们安排的所有事情背后的良苦用心。我发现,当我给孩子清晰的解释之后,我会与他们变得更加亲近,这是与孩子建立明确、稳固和信任关系的一种十分有效的方法。尽情跟你的孩子进行更深入的沟通吧!永远不要低估解释的力量。

与孩子沟通的行为检查清单

● 相信孩子是聪明的。
● 相信孩子可以听懂你对他们说的话。
● 记住,孩子没有回应并不意味着他没有理解。
● 用他们可以理解的语言向孩子清楚地解释。

- 解释当天的行程安排,告诉他们要去哪些地方及其原因。
- 在你行动之前提前跟孩子解释你要做什么。例如要为他们刷牙、梳头和穿衣服等。
- 给他们讲明道理。例如为什么他们不能在停车场奔跑,或是为什么过马路时你要拉住他们的手。

第6章

....

按 钮 行 为

孩子们总是非常活泼好动,永远在与外部世界进行着互动。每件事物对他们而言都是十分新奇的,而他们的天性就是保持好奇、探索和学习。在这一点上没有例外。与这种好奇的天性伴随而来的就是孩子们按"按钮"的欲望。按钮行为是指孩子喜欢探索我们对其行为的反应。如果他们干了某件事,我们会有什么反应呢? 会发生什么呢? 会很有趣吗? 这是他们对我们、对周围世界以及对他们的行为会怎样影响外界环境的探索。我们经常会促进孩子的按钮行为,因为我们的反应看起来通常是有趣且有娱乐性的。我们可能会大声叫喊、跳上跳下、用尖利的声音讲话、面红耳赤、气得浑身僵硬。我们可能会变得跟卡通人物一样有趣。

在我小的时候,我清楚地知道如何让父亲作出这些搞笑的反应。我只需要在吃晚饭时发出一阵咯咯的傻笑,我肯定就能看到他的那种反应。他会僵着脸,用手指着我,语气变得很严厉,并用各种后果威胁我,虽然我不愿被威胁,但是我知道我肯定可以让他作出这种可预期的反应,我会乐在其中。我和姐姐把这种我想要的反应称为"抖动效应"。当他生气时,他会被气得全身发抖,不管我的行为后果是什么,我发现他的这种有趣的反应每次都会让我乐此不疲。

孩子的按钮行为各不相同。哭闹和攻击显然是两种比较常见的方式。我会在接下来的两章中分别讲到哭闹和攻击。本章主要讨论孩子用来引发我们戏剧化反应的其他行为,例如(但不局限于):

- 随地小便,不去厕所;
- 在墙上画画;
- 乱扔食物;
- 泼水;
- 吐口水;
- 咒骂;
- 抠鼻屎并吃掉;

- 扔掉玩具或破坏玩具；
- 用手扯你的头发；
- 戳你的胸；
- 谈论一些会让别人感觉不舒服的话题。

例如，我曾接诊过一个家庭，家里有一个9岁的孤独症男孩。他的整个家庭都是素食主义者，不吃任何肉制品，并且十分关心动物的福利。然而这个小男孩特别喜欢谈论吃肉。他会说吃一片"肥美多汁的鲜肉排"然后舔着嘴唇并热切地关注着家里人的反应。他们吓坏了，认为他们没能把家族的价值观成功地传承下去。他们会叹气、摇头、拔高音量给孩子讲动物的福利问题。其实他不是想吃肉，他只是喜欢看家里人那种被吓到的反应。

我接诊的另一个男孩因为食物过敏问题，当时正在进行无谷蛋白-无酪蛋白的饮食干预。他会跟妈妈说他刚刚吃了谷蛋白或酪蛋白，然后坐下来微笑地看着妈妈大声教育他这些食物为何不好。实际上，他从未吃过那些他不能吃的食物，他只是喜欢看他妈妈的那种反应。

另一个5岁的孩子更具有戏剧性。每当他在公共场合看到婴儿时，他都会用每个人都能听到的很大的声音说"这个孩子真丑！"你能想象听到这种话，大家的脸上肯定会表现出不舒服和震惊的表情。

如何辨认按钮行为

如果孩子的关注点在你身上，而且你会对他们的行为作出反应，那这可能就是一种按钮行为。观察一下，看是否存在以下这些迹象：

- 他在做某种行为时会看着你。
- 他在刚做完某种行为后会看着你。
- 他会跟你说他刚做了某种行为。
- 在你对他的行为作出反应时，他会微笑或大笑。
- 在你告诉他不要这样做之后，他马上就会再犯并看着你。

特别注意：如果孩子是独自在做某件事情，比如说撕纸或玩水，他们对这项活动的注意力可能会非常集中，不会注意到周围的其他人。即使当你看到他们在做这些事情时，你的反应会十分强烈并且告诉他们说"不行"，但仅凭你的反应也不能说明这是一种按钮行为。如果他们是独自在做某件事情，这很可能是他们的一种重复性行为，而非按钮行为。按钮行为是指孩子作出某种行为的目的是希望看到他人的反应，而不是他们独处时的行为。

练习6.1

花一些时间仔细想一想,你的孩子是否有一些行为会引发你强烈的反应。考虑一下,他们是否看起来对你的反应很感兴趣,并且会饶有兴致地看着你。考虑之后,将孩子的按钮行为记录在本章末的按钮行为记录表中。

为什么孩子会有按钮行为?

- **它是有趣的!** 就是这么简单。对于孩子来说,我们的过激反应可能十分好玩。有时,我们的反应与孩子的实际行为并不相称。我们都曾有过这样的经历:从孩子身边离开时,可能会问自己"为什么我刚才会有那种反应呢?"孩子所寻求的就是这种夸张的反应。当我们还是孩子的时候,我们也都曾按过别人的"按钮"。为什么?因为这很有趣。记得童年时那些漫长的旅程吗?我记得在我9岁时有过这么一次漫长的旅途。我发现我很需要通过按我姐姐的"按钮"来娱乐和打发时间。她希望我不要在她看书时碰她。我知道这会让她心烦,于是我不断地用手指去碰她的肩膀。每次我这么做时,或者只是把手指伸向她时,她都会高声尖叫。这与我女儿的情况很相像。

- **它让人感觉强大。** 当孩子们认识到他们可以在我们身上创造出一种反应时,这不仅会让他们觉得好玩,也会给他们一种力量感,让他们感觉自己可以控制这个他们通常会觉得有些混乱的世界。孩子们开始意识到他们现在能"让"别人表现出某种反应。这种新的能力可以带来一种控制感。当我做"X"时,妈妈会有"Y"的反应。孩子们开始想:"太好啦!我能以这种方式影响和控制我的世界。"如前所述,能掌控自己的生活对这些孩子来说是非常重要的,所以按钮行为就变成了获得这种控制权的另一种方式。

- **这可能是他们正在变得更加活跃的一种表现。** 如果你发现孩子有一段时间突然特别喜欢频繁地去做按钮行为,这可能是因为他们不再那么排外,他们与他人互动交往的能力可能增强了。当一个孤独症儿童开始更加关注他们所处的环境时,他们会开始注意他们能做什么来让他人作出某种反应。如果你的孩子是这种情况,这将是他们成长过程中激动人心和非常重要的时刻。

- **这可能是他们缺乏刺激的表现。** 若孩子的按钮行为频次增加了,这也可能是他们缺乏刺激的一种表现。他们把按钮行为当作一种娱乐,只是因为他们没有其他更好的事情可做了。有时,学校和家庭的基础项目会一成不变、枯燥乏味。孩子可能已经长大了,需要更多有趣的、有挑战性的活动和学习机会。重新检视一遍孩子的培训项目,看是否属于这种情况。

消退按钮行为的三个简单步骤

- 改变你的内在反应。
- 改变你的外在反应。
- 针对你希望他们去做的事情,给他们一个大大的反应。

改变你的内在反应

孩子们通过按钮行为来看我们会对他们的行为作出怎样的反应。如果孩子觉得我们的反应很有趣,他们就会继续。消退按钮行为的最快途径就是改变你的反应,让按钮失效。你需要同时改变你的内在反应和外在反应。很多家长告诉我,他们虽然对孩子的行为感到愤怒,但他们可以掩饰、不表现出来。但我从没见有人成功过。当你真的愤怒时,这种情绪会表现在你的脸色和肢体动作上。你的身体会僵硬、眼神会变化、下巴也会绷紧。你的孩子了解你,他知道你在放松、紧张、不舒服或生气时你的声音和行为会有哪些不同。无论你多想"糊弄"他们都没法成功。

练习6.2

花一些时间想想当孩子表现出按钮行为时你会想些什么。翻到本章末的按钮行为记录表,在空白处写下当孩子表现出按钮行为时你内在的感觉和想法。如果你很难回想起当时的想法或情绪,请阅读下列选项看是否与你的想法类似:

- ☐ 我讨厌他这样做。
- ☐ 他这样做只是为了惹恼我。
- ☐ 我不能忍受再听下去了。
- ☐ 我就是不喜欢他这么做。
- ☐ 我不喜欢他弄出来的各种体液,我实在忍受不了。
- ☐ 他现在应该更清楚了吧。
- ☐ 他就是调皮捣蛋。

好了,这是本章最激动人心的一部分:面对孩子的按钮行为时,你能够改变自己的反应,然后你可以帮助孩子建立其他的行为方式——你可以通过改变自己来改变孩子的行为方式。

首先要做的是:内心的放松。面对孩子的行为时,你要找到放松的办法。你可以通过弱化头脑中针对孩子这种行为的看法来做到这一点。

假如他们往地上泼水,你可以想"这不是世界末日,可以打扫干净",从而弱化你对孩子往地上泼水的想法。

如果他们跟你谈论一些会让你感到不适的话题,或者他们扬言说要把他们所有的玩具都扔出窗外,提醒自己他们这么说不是因为他们认同或将要这样做,他们只是想看看你的反应,这样来弱化你的想法。

如果你觉得他们的尖声喊叫让你难以忍受,提醒自己这种声音不会一直持续下去,孩子这样做就是想要看你的反应,以此来弱化你的想法。接受这个声音,用脚趾头跟着它的节奏打打节拍。是的,你可以做到的。内心放松、平和地去接受这种声音,你可能就不会有过度的反应,这样你就离今后不再听到这种尖叫声更近了一步。

让这成为你的动力:你越是弱化自己对孩子这种行为的想法,就越容易改变你的反应,这样你的孩子就越有可能会对此种行为失去兴趣。

改变你的外在反应

花一些时间想想你对孩子的按钮行为会有哪些反应。你的声音听起来是怎样的,你会有哪些肢体动作呢?翻到本章末的按钮行为记录表,将你的外在反应写下来。下列是一些你可能会有的常见反应。

- 我会大声喊他,让他停下。
- 我会快速走到他身边,有点粗暴地将他从正在玩的东西旁移开。
- 我会轻声地跟他讲道理,咬紧牙关忍住不发火。
- 我会一巴掌将他的手扇开。
- 我会叫道"不,不,不!"
- 我会双手交叉给他一个"你还敢不敢了"的表情。
- 我会抢走那个物件。

关键是反应得越少越好。我们要向孩子展示,这种行为再也不能让他们得到他们想要的那种反应或关注了。

用下列方法改变你的反应:

- 别用言语表达你在意这件事。
- 别用肢体语言表达你在意这件事。例如,不要摆出不悦的表情、摇头或摆手。

- 在他们按按钮时继续做你手上的事情。如果你俩正在一起做游戏,继续这个游戏。如果你正在与他谈话,继续原来的话题。如果你正在做自己的事情,继续做原来的事情。这样的话,你就向他们展示了这种行为不会再引起你之前的那种反应了。孩子就会明白这不再是引起你特定反应的按钮了,然后他们就会停止那种行为。
- 在你采取行动之前先等几分钟。例如,如果他们的按钮行为是随地小便,在你清理之前先等几分钟。
- 如果孩子在跟你讲一个你之前觉得难以接受的话题,在回答他们的问题或谈论这个话题时语调要冷静平和。

特别注意: 关于如何应对孩子将打你作为一种按钮行为,请参见第8章。

对你希望他们做的事情给一个大大的反应

正如我之前所说,孩子有这些行为是为了从我们这里得到回应。因此,我们要对我们希望他们做的事情给出回应。找出一个你的孩子正在做你希望他们继续做的事情的时刻,例如:

- 轻轻地抚摸你。
- 正在吃你希望他们吃的食物。
- 在便盆里小便。
- 在纸上绘画而不是在墙壁上。
- 跳舞。
- 唱歌。
- 看着你。

每当他们做你想让他们做的事情时,给他们一个大大的反应。这正是你要跳上跳下、用有趣的声音讲话、手舞足蹈的时候。告诉他们这非常棒!然后,你的孩子可以通过这些行为来得到你的反应,而这恰好也是你希望他们做的事情!

我将以我治疗过的一个随地小便的孩子为例来介绍上述方法该如何应用。我知道这是一种按钮行为,因为当他小便时他会盯着我,眼睛闪闪发光,期待着我的回应。在这样的情况下,你要:

1. 放松。深呼吸,记住这不是世界末日。地上的一点小便不会伤害到任何人并且能被清理干净。

2. 提醒自己孩子这样做只是为了得到你的反应,放松自己,这样有助于孩子停止这种行为。

3. 不要对孩子随地小便的行为有任何外在反应。在言语上,要对此保持沉默。面部表情也要与你发现孩子随地小便之前保持一致。如果你在微笑，请保持微笑；如果你之前是一种自然放松的表情，请继续保持这种表情。继续做你当时正在做的事情：如果你正在和孩子说某件事，请继续这个话题；如果你正在和孩子一起做某件事，接着做下去；如果你正在做家务，接着做原来的家务。

4. 等几分钟，然后再去清理小便。当你清扫时，要以安静、沉着、平和的方式去清理。

5. 在接下来的30分钟里，找一件你孩子正在做的并且你也想给出一个大大的、有趣的反应的事情。这样的话，如果孩子还想继续按钮行为，他们就会去做这件事情而不再是随地小便。

练习6.3

花一些时间想想你打算以哪些不同的方式去应对孩子的按钮行为。翻到本章末的按钮行为记录表并填写最后两个部分，这会帮助你做好准备，在下次发现孩子的按钮行为时采取不同的反应方式去应对。

按钮行为行动检查清单

- 通过下列迹象检查孩子的行为是否属于按钮行为：
  - 他在做这种行为时会看着你。
  - 他在刚做完这种行为后会看着你。
  - 他会跟你说他刚做了某种行为。
  - 在你对他的行为作出反应时，他会微笑或大笑。
  - 在你刚告诉他不要做之后，他马上就会再犯并看着你。
- 消退按钮行为：
  - 内心放松：弱化针对孩子行为的看法。
  - 提醒自己：他们这样做只是为了看你的反应。
  - 提醒自己：假如你不作反应的话，孩子很可能会停止这种行为。
  - 不要作出言语上的反应。
  - 不要作出肢体上的反应。
  - 继续做在孩子开始按钮行为之前你正在做的事情。
  - 对于孩子做的你想让他们继续做的事情给一个生动有趣的、大大的反应。

按钮行为记录表

1. 请记录你的孩子所表现出的按钮行为的例子。

_____

_____

_____

_____

2. 请记录面对孩子的按钮行为时你的内心体验。

_____

_____

_____

_____

_____

3. 请记录面对孩子的按钮行为时你的外在反应。

_____

_____

_____

_____

_____

4. 请记录你打算采用何种新的方式去回应孩子的按钮行为,包括内在方式和外在方式。

_____

_____

_____

_____

第7章

消除暴脾气

发脾气,发怒,发飙,抓狂,发火,生气,愤怒。

为什么一件事情会有这么多的词语来描述？因为每个人都会发脾气,它并不是只有2岁小孩才有的现象。10岁、13岁、18岁、30岁、40岁,甚至89岁的老先生都会发脾气。幼儿、青少年、大学生、政客、名人、教师、警察,每个人都会。如果我们觉得它会让我们得到我们想要的结果,那么我们进行了一个很好的尝试。它确实是一个强有力的工具。它的这种吸引力似乎从未消失过。我们甚至经常在电视上看到它。它在我们的社会里如此常见,以至于我们需要给这一事件起很多名字。西方世界传达的一种潜在观念是:"我现在就要得到我想要的一切。"这种观念会支持和促进发怒现象的发生。

我们的孩子并不会因为自闭就不会发脾气了,因为他们也是人,所以也会发脾气。我们的孩子在发脾气时与其他普通儿童一样,除了少数几个方面之外,他们发脾气的原因也是一样的。

什么是发脾气?

我见过下述一系列与发脾气相关的行为,当孩子们得不到他们想要的东西时,他们就会采用这些行为大发脾气进行回应:

- 像重摇滚歌星表演般大叫、尖叫、在地上滚来滚去、把东西扔得到处都是。
- 大哭。
- 大喊。
- 用一种"命令式的口吻"讲话,也就是说他们会以一种专横的态度发号施令;他们的语调可能有些粗暴无礼并略有升高。
- 噘嘴,和你冷战。
- 反复打自己的头或咬自己的手。
- 撞头。
- 大哭并打你。

- 叫喊并将东西打翻或扔掉。

当我在本章使用发脾气这个词时,它包含上述所有行为,你可以用本章中介绍的方法来处理上述任意一种行为。孩子可能因为各种原因而采取上述行为。如果这种行为是因为孩子得不到想要的东西而引发的,我会把这些行为称为发脾气。

为什么孩子会采取各种发脾气的方式?

因为它很有效。孩子们会找到能够使他们最快地获得他们想要的东西的方式。如果你的孩子选择发脾气,那么这通常是因为与他曾尝试过的其他方式相比,采取发脾气的方式可以更快地让他得到他想要的东西。无论孩子的语言水平如何、目前是否能说话,都是如此。我确信你们都经历过这样的场景:你在忙着做饭或操办家务,你的孩子当时可能和你一起待在厨房,或独自待在别的房间里自言自语(可能是在胡言乱语,也可能是在重复电影里的某个场景)。你继续忙着手头上的事情,并没有关注孩子的语言,庆幸自己终于可以安心处理家务了。然后孩子突然开始哭闹。作为父母,你赶忙跑过去照料他。这时你无意中给孩子传达了一个信息,那就是:叫喊、大哭比语言更能引起父母的关注。

再比如:你正在商场里做一周的采购,孩子想让你帮他打开一袋巧克力曲奇饼干吃,然后你给了他两块。但他还想要更多。可能他会说"更多饼干"或者通过把袋子塞到你手里来表达这个意愿。你说不行,他又尝试了一次,甚至他们会倾过身来亲你一下。你还是说不行,然后他就开始大哭起来,当众大吵大闹。周围的人都看着你,为了避免在公众场合出丑,你又给了他一块饼干。此时,你无意间给孩子传递的潜台词是:"只要我哭的话,我就能得到想要的东西。"它比任何语言或非语言上的交流都要有用得多。

又比如:你和孩子正在一起玩耍,孩子很合作,与你互动得很好;你是多么喜欢这种场景啊!然后,他突然停了下来,他想要看电视,但由于你特别喜欢刚才你俩那种密切互动的场景,所以你不愿让他去看电视,而希望和他继续玩耍。他非常执着,递给你DVD,或者直接说"放DVD。"你坚持立场说不,他开始大哭起来,你还是说不。然后等孩子哭了几分钟之后,你开始觉得不给他放影片是不对的。你觉得你让他伤心了,你想让他觉得你是一个好妈妈,所以你为他放了DVD。再一次,你无意间又给孩子传递了这个潜台词:"只要我哭的话,我就能得到我想要的东西"而且这比任何语言或非语言上的交流都要有用得多。

我相信我们大多数人都曾遇到或经历过上述这些情境!即使这与你和孩子

之间发生的情况并非完全一样,你也会有大致相似的经历。

在我帮助孩子的父母摆脱发脾气行为时,他们告诉我其实他们并没有察觉到在孩子发脾气时他们会满足孩子的要求。也许你在读到这里时也会有这样的想法。但是,根据我的经验,孩子继续用发脾气的方式来得到他想要得到的东西的原因就是有人给了他回应。即使你大部分情况下都没有回应,但从孩子的视角来看,它依然是有效的! 如果你10次之中仅有3次给了孩子回应,那么发脾气依然是值得尝试的,因为有可能他们这次发脾气就会得到他们想要的东西。我们的孩子觉得通过语言很难表达他们的需求,所以他们很容易倾向于采取发脾气的方式,即使这种方式只是偶尔有用。所以,请你如实地反思一下自己对孩子发脾气的行为是如何回应的。这无关对错,只是为了让你了解自己,弄清楚你是如何回应孩子的,这样你才能够更好地帮助他们。通常情况下,当父母开始认真反思孩子每次发脾气的情境时,他们会发现,他们有些时候的确向孩子给出了回应。你的情况并非特例。我自己也曾不断学习该如何处理发脾气的情况。当我觉得自己可以接受发脾气的情境而没有必要必须让它停下来之后,我就能帮助孩子找到一种更有效的交流方式。当我们清楚地明白自己在做什么之后,我们就能够学着改变。

改变我们的想法,改变我们的行为

减少孩子哭闹和发脾气的方法是要改变我们的回应方式。也就是说,要让孩子明白那样做是没有用的。为了达到这个目的,我们首先要搞清楚我们为什么会回应。找到这个原因能够帮助我们选择不同的思路来应对孩子发脾气的情况,从而帮助我们改变我们的应对方式。

首先要搞清当孩子发脾气时,我们内心是怎样想的。下面的练习会对你有所帮助。

练习7.1

问问自己: 当孩子发脾气时,我脑子里会想些什么? 写下你脑海中首先出现的想法。或者等下次孩子发脾气时,再好好体会一下自己到底会有怎样的想法。如果你觉得很难想起来,请参考下述条目并标记出与你的情况相符的选项。

- □ 啊! 不! 又来了!
- □ 我再也受不了了。
- □ 我完全不知道该怎么办。
- □ 为什么是我?
- □ 我一定是做错了什么。

- □ 我恨透了孤独症。
- □ 我受够这种生活了。
- □ 为什么他总是这样?
- □ 我对处理这种情况完全不擅长。
- □ 邻居会怎么想?
- □ 我希望他们别报警。
- □ 假如他18岁了还这样该怎么办?
- □ 我还不如去工作。
- □ 我觉得他不喜欢我。

下一个问题:当听到孩子开始发脾气时,我会有什么样的情绪反应? 下面的列表可能会对你有所帮助,请标记出与你的情况相符的选项。

- □ 伤心。
- □ 恼怒。
- □ 焦虑。
- □ 麻木。
- □ 无助。
- □ 恐慌。
- □ 难过。
- □ 受够了!
- □ 生气。
- □ 垂头丧气。
- □ 平静。
- □ 狂怒。

下一个问题:当孩子发脾气时,我会有怎样的肢体反应?

- □ 绷直身体。
- □ 屏住呼吸。
- □ 心跳加速。
- □ 绷紧下巴。
- □ 牙关紧咬。
- □ 迅速地转身或站起来。
- □ 开始叹气。
- □ 我的心沉了下去。
- □ 睁大双眼。
- □ 掌心出汗。

现在你已经明确了当孩子发脾气时,你会有什么样的反应,你会发现这的确会引起非常强烈的情绪及生理反应。难怪我们会希望这尽快过去,希望让孩子尽快停下来。孩子们会注意到我们在生理及情感上这些复杂的反应并加以利用,以此来获取自身的利益。这并不是恶意的,他们只是为了找到最便捷的方法来得到他们想要的东西。他们还是个孩子;所有孩子对父母都会有第六感,就像我之前提到的,我们的孩子特别敏感,尤其是对我们的态度更是非常敏感。

下一步就是要成为一个"快乐的侦探"(我们在爱萌计划®中这样称呼),找出自己会有情绪反应的原因;然后采取一种不同的思路,这样下次孩子发脾气时你就会采取不同的应对方式。

以下是我们回应孩子发脾气的一些常见原因。这些原因可能部分或全部与你的情况相符。如果我们希望减少孩子发脾气的行为,我们必须首先改变自己。这并不是说孩子哭闹是你的错,我们并不能控制孩子的行为,但我们可以控制自己如何去回应他们的行为。因此我们要掌控我们的思想,这样当孩子发脾气时我们就能采取明确而有目的性的回应。

"我只想让它停下来"

这正是孩子们所期望的。如果他们感觉到了我们的这种想法,他们就知道这种做法是值得继续下去的。即使他们需要哭上1小时或更长的时间,只要能得到想要的东西,那就是值得的。如果哭完了有人会给你1000美金,难道你不会乐于去哭吗?当我们想让他们停止哭闹时,我们就会更倾向于妥协,给他们想要的东西,这样就会加强他们相信"哭闹是有用的"想法。

社会道德迫使我们去照料哭泣的孩子。我总是听到这样的言论:"孩子的妈妈在哪里,她为什么不哄一哄孩子让他别哭了?""没人能过来让这个小孩别再哭闹了吗?"

我们也许只是想要一段安静的时光。然而,我们越是回应孩子发脾气的情况,未来就越是不得安宁。在孩子发脾气时,尽量少去作出回应,这将帮助他们学会使用别的方式进行交流。

下次孩子哭的时候,不要想"我只想让它停下来",要想:"我的任务是让他们知道哭闹不是一种有效的交流方式。"

当孩子发怒时,练习这种新的想法,它会让你接受这个过程并学会使用本章后续所列的各种技巧。

"我感到很难过,因为我不知道孩子为什么哭闹。"

为什么你需要知道?哭闹所表达的含义是极度模糊的,因此才需要让孩子学会使用其他的交流方式。即使你是他们的父母,也并不意味着你能明白他们为什么哭闹。你不知道是正常的,这并不是说你不是个好家长。当你不理解孩子为什么哭闹时,最重要的是要保持冷静和自如。孩子有时不被理解也是可以的,他们不会因此死去;他们仍然被关爱着、被精心喂养着、有一个美好的家,一切都是好的。他们会熬过去,这种哭闹不会伤害任何人。

当你内心能够接受不知道孩子为什么哭闹时,你会有更多的精力去分析他们想要传达给你的信息到底是什么。

下次孩子哭闹而你不能理解时,你可以这样想:即使我不懂他为什么会哭闹,我依然是个好家长;接受了这种想法,我就能保持镇静,更好地帮助孩子。

"我对孩子感到歉疚;单是孤独症就已经够他受的了。"

毫无疑问我们的孩子们必须比其他孩子更加努力,他们面临不同的挑战。然而,我们的怜悯心并不能拯救他们,也不能帮助他们渡过难关。我们怜悯孩子说明我们认为孩子是低能的,如果这样想的话,我们可能就会给孩子更少的成长机会。如果我们不给他们机会的话,那么,他们又怎么能向我们展现他们到底有多少才能呢?他们又怎么能成长呢?怜悯会蒙蔽我们的双眼,它会让我们在看孩子时只看到他们的困难,而忽略了他们的力量和才华。我相信你肯定能找到孩子以强大的决心找寻他想要的东西的事例,也能发现他会沉浸在自己的世界里,享受那些重复性的行为刺激。当我对家长进行培训时,我会询问他们是否曾发现:当孩子沉浸在重复性的自我刺激行为当中时,他们会很开心。每次几乎所有的家长都会举手表示同意。的确,这也是我的经历。看起来面对孩子们的孤独症,我们比孩子本身更受折磨。

下一次当孩子哭闹时,你可以这样想:如果把孩子看成是虚弱的和值得怜悯的,这种想法对孩子并没有任何益处。我的孩子是坚强的、有能力的,哪怕不能得到他想要的东西,他也是可以面对的。

"孩子哭闹说明他们不快乐。我的任务就是让孩子永远保持快乐。"

孩子哭闹就是代表不快乐,这貌似是一种常识。但事实的确如此吗?如果孩子不能告诉我们他们的感受,我们又怎么能知道他们是何种感受呢?我可能会因为很多不同的原因而哭泣,当我高兴欣喜时会哭泣,当我悲伤时会哭泣,当我感到解脱时会哭泣,当我看悲伤的电影时也可能会大哭一场。哭泣会给身体带来很多益处,它可以增加大脑的供氧、锻炼肺功能。我们知道孩子为什么哭泣吗?我并不是说你的孩子哭一定不是因为不开心,我只是认为在孩子告知我们他们的真实感受之前,我们并不能作出准确的判断。

孩子哭闹的原因很可能是因为这是有效的,可以得到回应,而并非是因为什么不开心的感受。你可能也已经发现了,当孩子哭泣时,他会显得非常孤苦凄凉、哀痛不已,但一旦得到了他想要的东西时,他立即就开心地笑了。如果他们是真的不开心的话,那么从这种悲伤的情绪中走出来肯定需要更长的时间。我观察过很多孩子哭泣时的情况,他们会恳求父母满足他们这样或那样的需求,他们哭泣时会时刻注意自己脸部的表情,确保他们的表演尽可能地完美。

当我们还是婴儿的时候,我们会通过哭泣来引起父母的注意,让他们来为我们换尿布、喂我们,这是一种交流方式,也是唯一可以传达我们需求的方式,而不是情绪的宣泄。随着我们长大,我们可以利用言语交流来表达我们的需求,就哭得少了;但当言语和非言语交流都不能奏效时,我们可能又会退回到之前通过哭泣来交流的老办法上。我发现,当看到小孩哭闹时,大人们通常会说:"为什么你会这么生气?"或"为什么你会这么难过?"或"什么事情让你这样不开心?"或"宝贝,过来让我看看,我会为你把一切都变好。"这样做就在告诉孩子:需求没有立即满足就是不开心。我们实际上是给他们建立了这种联系。

当我还是孩子时,我记得我在教室里曾发生过一次意外。我尿裤子了,我看着脚下的地面上形成的水洼,这时老师过来抱住我告诉我别担心。她的表情很担心,她一遍又一遍地告诉我我并没有做错什么,我不需要为此感到尴尬或难为情。她一次又一次地提到尴尬这个词,这让我事后明显地感觉到我应该对此感到尴尬和沮丧。事实上,我之前觉得尿裤子并没什么,但再次发生这种情况时,我的确感到了尴尬。一个善意的老师教会了我这种情况下适当的情绪反应。

我侄女在7岁时仍然会躺在地上大哭大闹,哭叫着表示她不想上床去睡觉。因为对女儿的反应越来越失望,她的爸爸离开了房间。我告诉侄女这样哭闹是没有用的。她停了下来,向我甜甜地一笑,说:"这对爸爸管用,不信再给我一点时间试试看。"我喜欢孩子们,他们总是讲真话。她是对的,她用了20分钟,最终她爸爸准许了她再玩1个小时。

在我看来,随着孩子不断长大,有些事情会发生变化。在7~10岁时,他们能意识到他们什么时候是在表演。再长大一点之后,他们会开始相信我们和我们的世界都会赞成他们,如果他们的需求得不到满足,他们就会难以接受。到十多岁的时候,只要事情不是按照他们的意愿发展的话,他们就会不满意,他们会成为我们成人社会中不开心的那一类人。

我只是说大部分情况下,孩子哭闹都不是因为不开心,而只是在表达他们的需要。但我并不懂读心术,有的时候孩子可能真的是因为不开心。因此让我们简单讨论一下这种可能。为什么孩子伤心是很不好的事情呢?为什么他们不能感受一会儿这样的情绪呢?我们的社会总是教导我们:作为父母,我们的任务就是要让孩子高兴,满足他们想要的任何东西,否则就是我们的过错。你并不能将孩子从成长的烦恼中拯救出来。作为父母,你应该帮孩子了解:他们并不能控制世界上发生的所有事情,但是他们可以选择以怎样的心态来面对这些事情。这样当孩子的生活遇到挑战时,我们就帮他们打下了如何应对这些挑战的坚实基础。当他们感受不到幸福和满足时,我们应该向他们展示如何获得幸福和满足的心情。

我们的孩子会通过观察我们来确定他们该如何应对某个情境。如果他们不确定,他们会观察我们的表情,以此来判断事情是否进展顺利。对于我本人而言,在乘飞机时,如果飞机遇到颠簸,我会感到焦虑。这时,我会观察机组工作人员的反应,因为我认为他们了解当前飞机颠簸的状况如何。我会观察他们的表情,试着判断他们对这个情形是否感到焦虑和不安。若是,我知道我遇到大麻烦了;如果他们神色冷静照常工作,那么看到他们淡定的神情我也会平静下来。

作为父母,我们的工作不是为了让孩子每时每刻都保持快乐的心情,而是当他们面对逆境时能够给他们支持。如果你的孩子不喜欢你把他们送到学校,或是不愿意尝试新的食物或不愿意理发,或不能用他人理解的方式来表达自己的需求,你的安慰和接纳对他们而言是极其重要的。当他们看向你时,如果发现你在这种情形下依然是轻松自如的,你是在告诉他们一切都很好,情况并不像他们想象得那样差。这样,你就给了他们前进的动力,可以帮他们渡过难关,为未来人生中将要面临的困境做好准备。如果你感觉不安,觉得自己必须把他们从这种情况中拯救出来,你其实是剥夺了他们学习如何应对的机会并告诉他们"是的,这就是应该感到不开心的事情。"

下次当孩子哭闹时,你可以试试以下两种思考方式:
- "我不知道孩子内心的具体感受,除非他能用其他方式告诉我。"
- "当孩子不开心时,我的快乐和自如对他来说是巨大的安慰,能帮助他渡过难关。"

改变以前那些无用的执念,接受新的更加有益的理念,通过自我训练树立新的观念,用新的方式来应对孩子。在学习下述技巧的过程中,这些新的理念将给你提供极大的帮助。

技巧——当孩子发脾气时我们该怎么做

下次孩子发脾气时做下面七件事:

1. **检查自己的心态是否依然轻松自如。**这是当孩子发脾气时你需要做的最重要的一件事。如果我们感到不自在,孩子就会觉得哭闹是有用的,值得继续哭下去。上面提到的理念可以帮助你在孩子哭闹时保持轻松自在。这可能需要练习一段时间才能掌握,但要坚持练习、不断熟悉这些新的理念,直到你能够熟练运用。可以把这些新的理念写下来挂在墙上提醒自己,也可以挂在浴室的镜子上或是其他你常能看到的地方。

2. 反应要慢。当孩子哭闹时,我们要他们得到这样的信息:他们的哭泣会让我们的行动变得迟缓,我们也变得不像平常那么聪明灵活了。我们总是想用回应来告诉他们,我们是关心和深爱着他们的,只不过我们要以一种更慢的节奏去回应他们,我的意思是真的很慢很慢。这会改变孩子发脾气之后的情景,把哭闹管用变成了哭闹会使别人的行动变得迟缓而并不能让我得到我想要的东西。当我们对孩子的哭闹采取迟钝的反应时,我们要对他们的语言或非语言交流采取快速的反应。不仅是当他们哭闹时,其他时候我们也要如此。这会给他们一种鲜明的对比,让他们明白如果想要什么东西的话,最快捷的方式是使用语言或非语言交流。我们要让他们看到原来的情况已经改变了。现在当他们哭闹时,我们会变得特别迟钝;而当他们使用声音、语言或非语言交流时,我们却会有很迅速的反应。如果我们这样做,孩子就会注意到!他们会改用更有效的交流方式。

3. 解释。告诉他们当他们哭闹时你并不理解他们的意思。你非常希望能帮上忙;只是你不知道他们到底是想要什么。当他们边哭边喊的时候,你更难弄清楚他们究竟想表达什么。用一种平静放松的语调跟孩子解释,哪怕孩子当时正在叫喊或是大声哭闹。

4. 讲明理由。告诉他们为什么你不能满足他们发脾气时的要求。让他们知道他们想吃的东西是不健康的食品,你想让他们保持身体健康,这样他们才能很好地玩耍。或者跟他们说现在已经是深夜了,大家都在睡觉,你想让他们也睡觉,玩了一整天要好好休息休息,这样明天才会有更好的状态。让他们知道你现在没带足够的钱,买不了这个新的玩具,但是到家之后他们可以玩家里所有的玩具。我们要让他们知道我们不能满足他们的理由,让他们明白我们会尽心尽力地关心他们,而不是在惩罚他们。

5. 向他们展示其他的沟通方式。让他们知道怎么做能让你更好地理解他们的意图。他们可以使用语言或肢体语言,如拉着你的手并指给你看他们想要什么东西。

6. 给他们可以选择的其他替代品。当孩子哭闹是因为他们想要一些你不能给他们或不想给他们的东西时,你可以采用这种方法。例如,若孩子想再要一块饼干时,你可以给他一个苹果。如果他们想要某种你没有的毛绒玩具,你可以给他另一种家里有的毛绒玩具。这样,我们还是可以让孩子感觉到我们是有用并且想帮助他们的。我们也让他们理解了即使得不到他们想要的那种东西,也可以有其他好玩的替代品可以选择。

7. 坚持不懈。坚持以上几条原则。在孩子发脾气时，我们可能需要多次这样做之后，才能让他们相信我们的确改变了应对方式。不要忘记你是出于对孩子整个人生的考虑而采取了一种新的应对方式，他们可能需要一段时间才能意识到我们的这种改变。一定要坚持不懈，让孩子明白情况变了，你对他们发脾气的情况不会再作出回应了。当他们确信你的确改变了时，他们也会改变。孩子确信的时间会因人而异，你要做的就是要坚持上面提到的那些方法。

下面给出了几个实例，用来说明在孩子哭闹的不同情况下这些方法是如何发挥作用的。

示例：如果孩子发脾气是想要一些我不想给他们的东西，该如何应对

我接诊过一个叫Maggie的孤独症女孩，她当时8岁，非常招人喜欢。在开展治疗45分钟之后，她就想要离开诊室。她走向大门想要打开它。但此时，我希望我们待在室内以便集中精力完成训练，这样也可以避免马路上车来车往的危险。所以我知道我是不会打开大门让她出去的。

我向她解释说，在5点钟训练结束之前，我们都要待在室内。我同时告诉她，她可以在妈妈回来时征得妈妈的同意之后出去玩，但现在我们要待在室内。我问她能否告诉我她想去外面玩什么，这样的话我会想办法在室内和她一起玩。听到这些之后，她哭了起来，把我的手放在门把手上。我首先检查了自己的态度并选择对她的哭闹保持放松和自如。我确保我的所有行为都慢了下来，让她知道哭闹没有让我的行动变快反而使我变得更加缓慢并有些困惑了。

在她哭闹的时候，我跟她解释说，"即使你哭我也不会开门的。我们在室内才能集中注意力，这样才不会被外面的车、行人和其他事物影响。妈妈在5点钟的时候会带你出去。"她哭得更凶了，赖在地上，乱踢乱闹。她这样做时直直地看着我，看我会做什么。这时我对她说："即使你躺地上又哭又闹我们也不能出去。"当我对她这样说时，我的态度是温柔而充满善意的，我微笑着，语调平静而亲切。

她看着我，然后端起凳子朝我扔了过来，我轻松地接住了，然后对她说："即使你扔东西，这道门也不会开，我们也不会出去玩。"

我说完之后，Maggie哭着进了卫生间，她打开了所有的水龙头，把浴帘扯来扯去，把垃圾桶踢翻，将所有的卫生纸都扔进了马桶中。然后她出来看着我。我说："即使你打翻东西、把屋里搞得一塌糊涂，这个门也不会打开，我们也还是要待在屋里。"

她甩出了最后一招，她脱掉了所有衣服，锤击她的胸，把手放在屁股上挑衅

地看着我,就像是在问我,"现在看你怎么办?" 我再次对她说:"即使你脱光所有的衣服,门也不会打开,我们也还是要待在屋里。"

这次解释之后,她停止了哭泣,并且在我的帮助下她重新穿上了衣服。她之前常用的伎俩都失败了,然后她重新和我玩了起来。她从发脾气到玩耍的转换过程中几乎没有时间间隔。当她意识到发脾气对我不管用时,她彻底停了下来,然后像之前一样和我重新玩了起来。Maggie在试着让我开门的过程中难道不是十分聪明吗? 孩子总有办法让我们围着他们团团转,他们在这方面拥有的天赋和能力常让我感到十分惊讶。所以我们要改变应对的方式,而不是改变孩子的反应。

孩子可能需要经历一段时间之后,才会真正相信你不会再回应他的愤怒、愤怒也不会使事情有任何改变了;但只要你坚持下去,他们最终肯定会明白的。通过这种方式,你还能教会他们懂得: 有时候人们并不能得到自己想要的东西,这也没关系。

孩子也可能会用发脾气的方式来尝试获得一些你没有或不想给他们的东西。这些东西的种类包括:

- 你不想让他们吃的食物;
- 你不想买给他们的玩具;
- 一种你找不到的玩具;
- 在下雨的时候要外出散步;
- 在睡觉的时候要开车出去玩;
- 在你不想出去的时候,要去麦当劳或其他的商店;
- 半夜12点的时候要看DVD。

练习7.2

你的孩子会用发脾气的方式尝试获得哪些你不能或不想给他们的东西? 请将其写在下面的横线上。

_____

_____

_____

_____

_____

在上述情况下,请使用本章之前所提到的方法。

1. 检查自己的心态。要相信自己不应该满足孩子发脾气时的需求,如 "我知道他们想要的东西对他们没有好处,作为父母,我要从大局出发,我不能给他们这个。"或是"孩子得不到他想要的东西也是没关系的,教会他在得不到自己想要的东西时也要保持平静是很重要的。"

2. **回应要慢**。减慢说话和行动的速度。记住要用非常非常慢的速度。我们想告诉孩子:当他们发脾气时反而需要等待更长的时间。

3. **解释**。告诉他们即使他们发脾气也不能满足他们的需求,告诉他们原因。如果他们在半夜提出要求,告诉他们所有人都已经睡了,我们不能打扰别人休息,现在他们也应该睡觉了。或是你不想给他们吃不健康的食物,你希望他们保持健康强壮,这样他们才能做他们喜欢的事情。

4. **给他们可以选择的其他替代品**。当他们想要不健康的食物时,你可以给他们一些健康的食物作为替代。如果他们想去麦当劳,你可以画一个麦当劳的图标。如果他们想要看的书你恰好没有,你可以给他们另外一本。这可以让孩子明白即使我们不能给他们提供他们想要的那种东西,但我们仍然会尽力帮助他们。

5. **坚持不懈**。你跟孩子一起生活了那么久,孩子已经习惯了你对他们发脾气时的回应方式,因此,要让孩子相信"你的确已经改变了"会需要一段时间。他们很可能会想,我只需要一直哭下去,最终妈妈肯定会妥协并满足我的需求的。所以在接下来的一段时间里,你可能会发现孩子发脾气的情况变得更厉害了,就好像是在说:"好吧,看来你是不打算回应我的哭闹了,那么如果我打你会不会有用呢?"或"如果我哭得更大声一些或哭得更久一些会怎样呢?"

如果你用了上述所有方法之后,孩子仍然还是在哭,那么我建议你告诉孩子你并不介意他们哭泣,这并不能使他得到想要的东西,你要去做别的事情了,如果他愿意,可以待在这里继续哭下去。然后去另一个房间或家里的其他地方。你可以开始做家务或玩孩子喜欢玩的游戏。关键是要把精力从孩子身上转移开,要让他们知道他们发脾气对你并不管用。记住这并不是要让孩子停止发脾气,而是要告诉他们你已经改变了。你要让他们明白,他们发脾气对你已经行不通了。你同时也是在让他们体验并学会放弃一些东西——这是人生中非常重要的一课。

示例: 当我不知道孩子为什么发脾气时该怎么办

我在训练孩子时,也会经常遇到孩子哭个不停或是时哭时停的情况,有时我真的不知道他们为什么哭。下面是一个名为Frank的3岁男孩的故事,他整天哭哭停停,我会应用本章之前列出的方法来帮助他。

1. **我检查自己的心态**。我相信的理念是:"这不是要让他停止哭泣,而是要帮他找到其他的沟通方式来表达他的诉求"以及"他的哭泣对我没有任何意义。"

2. **放慢速度**。我和他在一起时动作一直很缓慢,从不着急——这样可以让他明白哭泣并不能使我行动得更快。

3. **我跟他解释**。我告诉他我不知道他为什么哭,但我很想帮助他。

4. **我给他提供了其他的选择**。我告诉他怎样可以让我知道他想要什么。他可以用语言,或把我带到他想要的东西旁边,或用眼睛看着那个东西。

5. **我试着能帮上忙**。当他没有选择其他沟通方式让我知道他究竟想要什么时,我的行动慢了下来,我开始非常缓慢地给他提供一些东西。当我们的行动变慢时,我们是在向孩子传达这样一个信息:人们并不理解发脾气的意图。掌握这一信息对我们的孩子非常重要! 首先我给他拿来了一些食物:可能是因为他饿了;然后我给他拿来了一些饮料;然后我检查了一遍他是不是要换尿布了。当上面这些都不是时,我把他的身体检查了一遍,看他是否有什么不适。可能他弄伤了自己但没法告诉我。也可能是环境中的某些东西让他感到烦扰。我调暗灯光,关掉电扇,然后给他拿来了一条冷的毛巾和一条热的毛巾。最终我庆幸地发现,当我递给他热毛巾时,他终于停止了哭泣,他拿着它玩了起来。我用了45分钟缓慢地给他提供各种东西,终于弄明白了他到底想要什么。然后,我告诉他如果他能带我去放毛巾的地方或是说这个词语的话,我早就把这个拿给他了。

在Frank的例子中,以及其他所有孩子发脾气的例子中,非常重要的一点是一定要坚持不懈地应用上述方法。要缓慢地向孩子提供物品来表示你是希望帮助他们的。如果你提供了所有你能想到的东西之后,孩子都拒绝了并且哭着推开了你,我建议你告诉孩子你已经把他可能需要的所有东西都拿来了,你还是不理解他们为什么会哭,所以你要去做别的事情了。告诉他们你仍然乐意帮助他们,他们可以在任何时候过来告诉你或向你展示他们到底想要什么东西,你肯定会帮忙的。然后转移精力去做别的事情。去其他的房间或家里的其他地方,快速开始做家务或开始玩孩子喜欢玩的玩具。重点是要把精力从孩子身上移开,这能帮助他们想清楚自己究竟该如何处理眼前的情形。10分钟后再回来,然后再次应用我之前列出的一系列方法。

一定要坚持下去。与所有家庭成员分享这些理念和方法。就像电视竞赛最弱环节(the weakest link)那样,要让孩子相信发脾气以后不会再有任何作用了,我们要确保家里没有任何薄弱环节。你和你的爱人一定要保持一致。若孩子的祖父母、叔叔阿姨也经常和孩子生活在一起,那么也要把这个理念传达给他们。你可以轻易判断出谁没有遵从这些新的行动规范,因为孩子很可能在停止对别人发脾气之后仍然还对这个人发脾气。与这个人谈一谈,搞清楚他们觉得哪个环节最难应对,然后给他们提供一些帮助。

不是所有哭闹都是发脾气

当孩子因为身体不适而哭闹时

有时孩子哭闹是因为他们感觉不舒服或发生了小小的意外(比如摔了一跤或是撞到了脚趾头)。显然,在这种情况下,我们要尽量帮助他们缓解身体的不适。通常会有其他的征象提示你可能是这种情况。比如,他们可能会抱着头,揉着发疼的部位,或是整天老想躺着。你也可能看到他们摔倒了,擦伤了膝盖。如果你的孩子挑食,只吃两种食物,或有慢性便秘或腹泻的话,他很可能会有消化障碍(参见第12章),他可能会在身体不适时哭闹。如果是这种情况的话,他们可能会在便前或便后哭闹,或者是当他们进食了某种东西之后哭闹。

这时,你也要保持轻松自如的心态。即使是在孩子不舒服时,保持自如也能使你有更多的精力来面对和处理孩子目前的状况。这不是说你冷酷无情、漠视孩子的痛苦。当你慌张不安时,你的注意力就会从孩子身上减少。而在这种情况下,孩子需要你的关爱和呵护,当你不开心时很难去关爱孩子。当你感到轻松自如时,你会更有创造力从而找到更好的方法来帮助孩子。我知道当我自己不舒服时,我喜欢待在一个开心的人的旁边,而会远离那些认为我的处境很糟的人。我们的同情并不能帮到孩子。

躯体不适仅仅是生理上的。我们通常会把身体不适与精神压力及某些形式的不开心混为一谈。但通常而言,实际情况并非如此,特别是对孩子而言尤为如此。当孩子病了时他们还是可以玩耍、做他们感兴趣的事情。他们仍然会被笑话逗乐或享受一个好听的故事。实际上,笑对身体是有益处的。所以不要想当然地以为他们身体不舒服就会不开心。

当孩子身体不适时,你要想:"我的孩子可能身体不舒服,但这并不意味着他一定会不高兴"以及"我在这种境况下保持轻松自如能更好地照顾和帮助孩子。"

方法

1. **检查自己的态度**,秉持上面提到的理念。

2. **放慢动作**——跟孩子说话的音量要低,行动不要太匆忙。

3. 向他们**解释**他们的身体出了什么问题,你打算如何帮助他们。告诉他们可以哭,但是揉揉膝盖或其他疼痛的部位、服下你给他们提供的药品可能会比哭更有用。

4. **教会他们用其他方法告诉你**他们感到身体不舒服。你可以在帮他们揉肚子时或是给他们的膝盖贴创可贴时教他们用"病了"或"疼"这样的词语,让他们把这些词汇与这种不舒服的感觉联系起来。

5. **提供帮助**——给孩子提供各种帮助,比如按摩,肚子疼时揉肚子、头疼时揉头; 给孩子提供有益的药物。在做上述所有事情时,要向孩子解释你做这些是为了能让他们感觉舒服一些。

6. **转移注意力**——完成上述各项后,给孩子提供一些其他的物品来转移他们的注意力。例如,给他们读他们喜欢的书,放他们喜欢听的歌,或者画一些他们喜欢的图画。或是给孩子看一些他们特别喜欢的字母或图案。

不明原因的突然哭闹

很多父母跟我抱怨说,孩子可能会突然大哭起来,他们找不出任何原因。

压力水平

孩子可能受到过度刺激或是太疲倦了。回想一下他们当天的情景。是否有太多的户外活动,去学校,然后去机构接受治疗,或是去游泳,去商场等等? 家里是否来了很多亲戚朋友,他们说话的声音有没有很吵? 有时孩子突然大哭起来可能是因为他们所承受的压力水平达到了极限。哭泣表明他们的身体已经不堪重负,哭出来会让他们体内积聚的压力释放出来。如果你认为是这种情况,那么请把他们带到安静一些的房间里,外界的刺激减少之后他们可能会重新获得对环境的控制感。

固执

我们的孩子患有孤独症,而孤独症儿童的共性之一就是他们会非常固执,他们需要一些固定的模式、日常惯例或仪式行为。我的教子Jade有孤独症倾向,她有一个睡前需要严格执行的惯例。如果我在哄她睡觉时搞错了顺序的话,比如在拿走泰迪熊之前拉下了被单,她就会大哭起来并且不管我做什么都不能安慰好她。我总是尽可能地按照她希望的顺序去完成这些事情。这是我向她表达我爱她、我是非常友好并且可以信任的方式。但有时她的习惯改变了,但我并不知情。这时我会这样做:

- 检查自己的心态——要相信"有时我会在不知情的情况下打破孩子的规则,这并没有什么关系。"
- 放慢动作。
- 跟她解释说肯定是什么地方我做错了,但我不是故意的,如果她不再哭泣,告诉我哪里做错了的话,下次我会做得更好。
- 我建议你进行一项基于家庭的治疗方案来帮助孩子训练其灵活性(如爱萌计划®)。这里有一些能帮助孩子变得更加灵活的方法。

自我矛盾的行为方式

这种情况是指孩子怎样都不能满足。当满足他们的需求之后,他们突然又有了相反的需求！举个例子来说,米奇是一个6岁的拥有中度语言能力的孤独症儿童。他把他的袜子拿给我说:"穿上。"我夸奖他能够把袜子拿给我并能够如此清晰地表达出要穿上袜子的需求来,我立即为他穿上了袜子。刚把袜子穿上,他又让我给他脱下来,我也照做了。我们这样重复了很多次之后,他开始哭了起来,同时还是让我不停地给他把袜子穿上再脱下来。这样又持续了25分钟之后,他脚上穿着袜子停了下来。我遇到过很多有类似矛盾行为的孩子。

我们可能需要花很多时间才能分析出他们到底想要什么。也许他其实是想让我用某种特定的方式来给他穿上袜子而我并没有那样去做。也许他其实是想让我帮他挠挠脚但却不知该如何表述? 这些都有可能。但是我认为,无论是什么原因,都属于孩子希望对周围的环境保持控制的范畴。这是他们固执的一种表现,而固执是由于他们的孤独症而不是发脾气的原因。在这种情况下,我建议你给孩子自主权,按照孩子的要求去做,直到他们自己缓解了这个矛盾。这样做的话,我们会让他们感觉我们是友好的、值得在这种情况下找我们诉说。孩子们越常来找我们,我们就越有机会来改变他们的这种固执。

应对发脾气的行动检查清单

- 当孩子发脾气时,首先检查你的心态是否轻松自如
- 下面的观点可以使你保持轻松:
  ○ 我的工作不是要让孩子停止发脾气,而是要让他们明白: 发脾气不是一种有效的沟通方式。
  ○ 我不知道孩子为什么哭,这并没有关系,我还是个好家长。保持轻松自如可以让我更好地帮助孩子。
  ○ 作为父母,我没有必要让孩子在所有情境下都保持开心,而是要引导并帮助他们渡过人生的难关。
- 当孩子发脾气时,要慢下来,非常迟缓地行动。
- 向孩子解释你不理解他们为什么哭闹。哭闹无法让你知道他们到底想要什么。
- 教给他们其他的交流方式:
  ○ 使用语言。
  ○ 使用声音。
  ○ 看着想要的东西。
  ○ 拉着你的手,指给你看他们想要的东西。
- 如果孩子发脾气是想要一些你不想给他们的东西的话:
  ○ 给他们提供一些替代品。

    ◦ 向他们解释说即使他们发脾气也不能得到他们想要的东西。
- 每次孩子发脾气时,都要坚持使用这些方法。
- 保持一致——所有照料孩子的人都要学习这些方法。
- 不是所有哭闹都是发脾气。孩子哭闹也可能是由于:
  - 身体不适——请使用下列方法:
    - 检查自己的态度。
    - 跟他们解释他们的身体发生了什么。
    - 教给他们表达不适的其他方法。
    - 提供帮助。
    - 转移注意力。
  - 过度刺激——如果是这种情况,请带他们去家里其他安静的地方。
  - 固执或自我矛盾的行为——如果是这种情况,让他们来主导,友好地回应他们的 "是" 和 "不"。

一个母亲最近告诉我,她的儿子Dillon现在已经7岁了,他曾接受过为期2年半的基于家庭的爱萌计划®。Dillon现在已经在上全日制的学校了,而且不需要任何的辅助。儿子的老师告诉她,当学校里的一个小男孩哭闹时,他走去跟老师说,"我觉得他不知道哭闹并不能让他得到他想要的东西。" Dillon听从妈妈的教导。他妈妈教给了他多么重要的一课啊,这项技能将使他受益终生。

第8章

·····················

攻击和能量爆发

本章主要讲述如何处理孩子的攻击行为,如打人、咬人、挠人、拧人、扯头发、掌掴或踢别人等。在过去的25年中,我接触过很多孩子和成人,我曾被打过、掐过脖子、踢过、拧过、咬过、扇过巴掌、用头撞过、抓伤过,其中有小孩子,也有比我高大的成人。我曾遇到一个小孩,他一直尝试打我、咬我、抓我,这个过程持续了1个多小时。我也曾遇到过又高又壮的成年人,那时我完全不知道自己能否全身而退。如果你遇到类似的情况而不知该如何处理时,请记住我也曾遇到过这些情况,而通过爱萌计划®我掌握了有效的策略和方法,可以帮助孩子控制他们能量爆发、学会与他人和谐相处。我会在本章详细介绍这些方法。这些方法经过了时间的检验,对很多孤独症孩子都非常有效。

Ariel是一个5岁的孤独症小孩,她有一位伟大的母亲。当我第一次看见Ariel的妈妈时,她的手臂上满是淤伤、青紫一片。Ariel每天都会发作,朝着妈妈的手臂、面颊和腿又是拧又是咬。后来她的妈妈完全改变了关于女儿为什么会打她的态度并且采用了下面的方法。现在,Ariel已经超过6个月没有拧过或咬过妈妈了。她的妈妈骄傲地穿上了T恤,亮出了没有淤青的手臂。

重新考虑一下孩子为什么会打人

首先我们要重新思考一下:孩子为什么会打人? 当孩子表现出上述行为时,大多数父母和专家会认为孩子是有攻击性和暴力的。在词典中,"攻击性"定义为:"以无缘无故的冒犯、攻击、侵扰等行为为特征或有类似的行为倾向;武力攻击或威胁"。"暴力"在词典中定义为:"以伤害别人或造成破坏为目的的极端武力行为,使用武力去伤害或攻击。"

我完全理解当孩子打我们时,他们看起来可能非常像是要攻击和伤害我们。情况似乎的确如此,因为很多时候确实造成了伤害! 我曾经也这样认为。但是,这并不是孩子打人或使用武力的本意和目的。他们这样做是有别的原因的,虽然刚开始你可能并没有发现。还记得我之前曾说过,我们的孩子做事情都是有原因的,如果我们从这个角度去思考,我们就能变成一个侦探,在孩子打人之前洞察征兆,帮我们找出真正的原因。孩子打人的四个主要原因通常是:

- 他们想通过打人传递某种信息。有些孩子发现当他们打人时,周围的人的行动会加快,可以让他们更快地得到他们想要的东西。
- 他们想看我们的反应。他们想看我们哭、叫喊、自我保护或叫他们停下来的样子。
- 他们有感官方面的困扰,而打人、咬人或拧人能帮他们调节感官系统。
- 他们想保护自己。对有些孩子来说,他们可能会觉得只有这样才能让家里人停下来听他们的话。

虽然你有原来的那种想法也是完全可以理解的,但这四个原因都与想要伤害或是攻击我们相去甚远。这就是为什么在爱萌计划®中,我们不会把这些行为称为"有攻击性的"或"暴力的",而是称之为"能量爆发"。"能量爆发"这个标签并不像"有攻击性的"或"暴力的"那样带有评判色彩,而且能更准确地描述这种行为。基于此,我们将打人、咬人、拧人这类躯体行为称为"能量爆发"。

你可能会觉得孩子有时会突然打人,看起来似乎毫无缘由。其实,我刚开始接触孤独症儿童时也是这样想的。经过培训之后,我学会了如何真正地去观察孩子并关注他们周围的环境、他们的身体以及我的行为与他们的行为之间的关系。掌握了这些技巧之后,我发现孩子能量爆发时是有明显的原因的,而且在此之前也会有明显的征兆。庆幸的是,当你能够识别这些征象之后,你就能发现它们,这样你下次就不会再被孩子打伤、抓伤或咬伤了。你可以预测并成功避免此类情况的发生。

关键是要学会观察和注意这些征兆,这不仅能使你避免伤害,而且还能帮你找出孩子打你的原因。一旦你知道了具体的原因,你就可以采用针对性的方法来帮助孩子停止打人的行为。每种原因都有不同的应对方案。

下面列出了四组内容,请你填写并找出孩子在能量爆发之前可能会表现出的征兆。

请通读下列四组内容。

检查内容1:交流

检查孩子在能量爆发时是否会表现出下述行为:

☐ 当你刚告诉他们不能做某事之后,他们会拧人、打人或咬人。

☐ 他们难于表达自己的需求。他们可能已经用肢体动作推你试着让你做某事。你虽然想帮忙但不知道他们想要什么。

□ 他们在游戏过程中打你。可能是追逐打闹的游戏或挠痒痒的游戏,甚至可能是唱歌或棋盘游戏。

检查内容2:看你的反应

检查孩子在能量爆发时是否会表现出下列行为:

□ 他们在打你时或打完之后会立即看着你的眼睛。
□ 看到你对他们打人的反应,他们会微笑、大笑或兴奋地鼓掌。
□ 他们追着你想再打你一次。
□ 对于你处理他们打人的方式,他们看起来非常高兴和满意。

检查内容3:感官困扰

检查孩子在能量爆发时是否会表现出下述行为:

□ 他们反复地上下跳个不停。
□ 他们身体的某些部位会绷紧,例如使劲绷着脸甚至会有些发抖。同时可能还会咬紧牙关。
□ 他们会用手或其他物品狠狠地击打自己身体的某个部位。
□ 他们会满屋子跑来跑去。
□ 他们比平时喊得更久、音量更高。
□ 他们会更频繁、更强烈地重复电影或书中的情节。
□ 他们会不停地问你问题,虽然他们自己也知道答案。
□ 他们会进入一种自我矛盾的模式:当他们要某个东西时,你给他们拿来之后他们又会拒绝,然后他们会再次要求、再拒绝,如此反复不停。

检查内容4:保护他们自己

检查孩子在能量爆发时是否会表现出下述行为:

□ 他们停止了与你的互动。例如,你可能拿起一个玩具玩,而他们会从你的手中将它拿走。
□ 他们对你提出的玩耍建议表示拒绝或说"不"。例如,你在唱歌时他们可能会说"不"或用手捂住你的嘴。这种行为可能会连续发生很多次。
□ 当你想要抚摸或接近他们时,他们会躲开你。

看看清单中哪一项最符合他们的行为,然后选择与其相对应的方法和策略。

如果是检查内容1,请参阅"利用能量爆发来表达他们的需求"。如果是检查内容2,请参阅"利用能量爆发来看你的反应"。如果是检查内容3,请参阅"利用能量爆发来应对他们的感官困扰"。如果是检查内容4,请参阅"利用能量爆发来保护自己"。

特别注意:你可能会发现自己孩子的行为同时符合上述清单中的两项——这并不罕见。我们做同一件事可能会有不同的原因。就像吃东西:有时我吃东西是因为饿了,有时我吃东西是因为想品尝食物的香甜(例如巧克力),有时我吃东西也可能是因为悲伤。孩子们的能量爆发也可能会有不同的原因。例如,你可能发现孩子的行为有时符合检查内容1,所以在这种情况下你就要用与检查内容1相对应的策略;但有时又符合检查内容2,这时你就需要用与检查内容2相对应的策略。

利用能量爆发来表达他们的需求

这部分主要是对应检查内容1。这种情况下,孩子打人、掐人、踢人、咬人或撞头等仅仅是他们在向你表达他们的需求。

这里有一些相关的例子。Tommy和妈妈在玩具店里。Tommy想再买一个玩具火车,他对妈妈说:"我想要火车。"因为家里已经有10个了,妈妈说:"不行,家里已经有很多了。"Tommy坚持说:"就要火车。"妈妈又拒绝了:"不,你已经有很多火车了。"然后Tommy打了妈妈的胳膊一拳,然后妈妈说:"好吧"并买下了火车。Tommy的妈妈给孩子买了火车是为了避免孩子在商店里大闹,但是她传达给Tommy的潜在信息是:打人是表达愿望和满足需求的一种有效方法。

当Greg和他的爸爸一起玩摔跤时,他们玩得很开心。然后Greg的爸爸歇了一会儿说他累了。Greg就打了爸爸的头。爸爸以为这是Greg想继续游戏的一种表现,所以他就又开始和Greg玩了起来,说:"这是说你想接着玩吗?"同样,爸爸传达给Greg的潜台词是:打人可以让游戏继续。

Mary和妈妈在厨房里,她拉着妈妈的手臂表示想要什么。妈妈并不理解。因为Mary还不会讲话,所以妈妈不理解很正常。妈妈想要帮忙,但过了一会儿她只能对女儿说:"我并不知道你想要什么,宝贝"然后坐了下来。Mary走近妈妈并开始掐她的妈妈,然后妈妈说:"好吧,好吧。"考虑到Mary掐她可能是在表达痛苦,妈妈迅速起身给她提供各种东西。最终她发现Mary想要一些冰块。这里的潜台词是如果你掐我的话,我会更用心、行动更迅速。

通常,当孩子能量爆发时,周围的人会行动得更快并尝试更好地去"理解"他们。很多家长告诉我,他们会迅速给孩子提供想要的东西来停止孩子打人的行为,避免场面的"完全失控"。我明白你为什么会这么想,然而,结果可能会适得其反。这通常会让孩子打人的行为变得更为频繁。孩子可能会想:"好的,如果想要更好地满足自己的需求的话,唯一的方法就是打人,那样的话每个人都会更加关注我并更快地满足我。"我们孩子的交流本来就有困难,所以你能理解他们为什么会建立起这种联系并且应用它了吧。这并不是因为他们淘气或是不听话,而仅仅是一种交流的方式。

如果你的孩子属于这种情况的话,你可以利用下列策略帮孩子学会使用其他方式进行交流。

- 坚守下面的信念:
  - 我的孩子很聪明!他会通过尽可能快的方式得到他想要的东西。
  - 他并不是想要伤害我。
- 放慢动作,并跟他解释你并不能理解他为什么打人。

这一点非常重要。在此之前,孩子接收的信息是当他们能量爆发时,身边的人的行动会加快。因此,对他们而言,打人是一种有效的手段。如果我们反其道而行之,让他们知道打人只能使别人的反应变得更慢,那这对他们就没有用了。这就是说当孩子打你时,你不要快速行动尝试去满足他们的需求,相反地,我建议你用缓慢而平静的方式告诉他们你并不理解他们打人是想表达什么意思。直接告诉他们,打人并不是一种你能理解的交流方式。我们要让孩子明白,任何形式的能量爆发都不能帮他们获得想要的东西了,实际上,这种方式反而会使人们的行动变慢,他们甚至会变得有些迷惑。

在Tommy的例子中,在他因为想要商店里的火车而打妈妈时,妈妈可以说:"Tommy,我并不理解你打我是什么意思。"然后把火车放回货架上。然后她可以站起来并表现出很迷惑的样子。

在Greg的例子中,他打了爸爸让爸爸接着陪他一起玩。这时候爸爸可以说:"我并不理解你打我是想表达什么。"他可以继续休息一会儿,而不是在孩子打他之后立即回到游戏中。

又如在Mary的例子中,当Mary打妈妈的时候,妈妈可以说:"Mary,我并不明白你打我是什么意思。"她可以继续坐着而不是立马跳起来为Mary寻找想要的东西。

- 让打人的行为完全失效。

这一点非常重要!你要让孩子明白,任何形式的能量爆发都不会让他们得到他们想要的东西。在我们之前提到过的Tommy通过打人的方式来让妈妈给他买火车的例子中,关键就是我们一定不能给他买那辆火车。即使你本来打算买,也别买了。不买的话,就会给他们传递一个信息,那就是打人并不是一种可以使自己的需求得到满足的有效方式。这是一项要教会孩子的重要技能,且对他们今后的社会生活非常有用。

- 避而远之。

现在你知道孩子打人是为了得到他们想要的东西。如果他们想要一些你不想或不能给他们的东西时,请按照下面的方法去做:

○ 知道他可能会打你。

○ 提前走开,让他的手够不到你。如果孩子还小,你就站起来,这样他们就不能打到你的脸或是扯到你的头发了。

○ 如果孩子已经成年了或体格比较壮,请在身旁准备一个大的理疗球或是大垫子,当你需要保护自己的时候可以将你和孩子隔开。例如,我遇到过一个13岁的男孩,当他的需求得不到满足时,他就会爆发。我们准备了一个很大的理疗球。当他想要一些我并没有或不能给他的东西时,我会缓慢冷静地走到理疗球的后面,然后再告诉他我不能给他。这样的话,如果他想打我,我就能把理疗球挡在前面,这样他就打不到我而只能打到球了。

• 提供其他选择。

当你躲开之后,告诉孩子为什么你不能满足他们的要求,然后给他们提供一个其他的选择。例如,如果他们想要曲奇饼干的话,给他们一份你想让他们吃的食物。如果他们想要黄色的小汽车,给他们提供一件其他的小汽车或玩具。如果他们想要出去玩,你可以给他们画一画外面的景致,并告诉他们什么时间可以外出。通过这种方式,我们可以告诉他们打人并不会让他们的需求得到满足,而且我们也在尽可能地帮助他们。

• 对其他交流方式的应答要迅速。

这一点非常非常重要。当孩子打人时,我们的反应要慢;与此同时,当孩子以我们所期望的方式与我们进行交流时,我们的反应要快。通过这种对比,孩子就能更快地明白其他的交流方式能使我们行动迅速并使他们的需求得到满足。如果我们对孩子们使用其他交流方式时能快速地回应,同时,我们对他们打人时的反应变慢并表现得难以理解他们的行为,他们就会开始使用其他的交流方式,而不是打人。

所以让我们做一个明智的决定:当孩子使用语言或非语言交流时,比如当他们拉着你的手、用手指指东西、发出声音或与你交谈时,要快速地进行回应。你可能会想:"当然,我已经这样做了。"但是如果我们的孩子用打人的方式来表达他们的需求的话,那就说明我们对孩子其他形式的交流的反应还不够快。这是可以理解的,因为你经常会有很多事情要做。你要打理家务、努力工作、照顾其他孩子、回复电话、短信、邮件等等。经常因为事情太多而忽略了与孩子们的交流,不过,我们可以通过把更多的精力集中在孩子们其他方式的交流上而去轻松作出改变。

这就意味着下次你打电话时,如果孩子过来跟你说话,你要直接回应他们的语言交流；当你和丈夫正在厨房里说话时，如果孩子走过来想要什么东西的话，你要直接回应他们的需求。要让孩子感觉到语言交流才是满足需求的最快方式。

如果你的孩子目前还不能讲话，他们可能会说一些词或发出一些声音。那也没关系。你要有意识地对孩子所发出的声音作出尽可能多的回应。即使你不理解孩子的意图，你也要这么做。例如，当孩子发出一个声音时，可能是"咿"，照下面的方法做：

- 跳起来说："那是个特别好的声音。"
- 用行动来回应他们的声音，将其转换为词语，你可以给他们拿一些食物、玩具，或给他们唱一首歌。
- 当你这样做时，你可以说："我理解你的意思了，因为你发出了'咿'的声音"，强调你为什么会有这种回应。

如果孩子通过拉你的手或胳膊来表达需求的话，要积极地回应，顺着孩子拉你的方向走。当他们拉着你走的时候，你要跟着他们走并表扬他们能以这种方式表达他们想要什么东西。这样的话，他们就会知道这是一种很好的交流方式，比打人要有效得多。

如果你能同时运用上述两种方法，你那暂时还不会讲话的孩子会理解的。

- 当孩子态度温和时要夸奖他们。

当孩子对我们态度温和时，要夸奖他们。尤其是要告诉他们，我们多喜欢他们轻柔的触摸。你可以说："我喜欢你这样轻轻地拉着我的手"或"谢谢你给我这个温柔的拥抱。"让孩子知道我们非常喜欢与他们进行这种轻柔的互动。一天之中有很多时候孩子会这样温和地与我们互动，我们要开心地表扬他们，以此来强化这些行为。通过这种表扬的方式，我们会让孩子明白：温和待人是与人相处之道。

- 坚持不懈、保持一致。

以前当孩子打你的时候，你的行动可能会加快，这种情况可能已经持续很久了，所以孩子可能需要经过一段时间之后才能意识到你不会再对他们打人的方式进行回应了。要坚持上述方法直到孩子接受这个理念为止。当你这样做时，我会为你加油，你是可以成功的！你的孩子是聪明的，一旦这种方法行不通了，他们就会改变。每次你向孩子展示打人不是一种有效的交流方式时，你都朝孩子的改变迈近了一步。

利用能量爆发来看你的反应

这一部分主要针对检查内容2，也就是说孩子打你很可能是一种按钮行为。

就像我们在第6章中讨论的那样,孩子打你只是为了看到你的反应。他们想听你说"你伤到了别人"或看你脸色变红、声调变高。他们感兴趣的是你对他们打人的反应而不是打人这种行为本身。

例如,我曾遇到过一个10岁的高功能孤独症男孩,他喜欢看人们对不同事物的各种反应。他拿起一个玩具锤子举到我的头顶,做出一副非常夸张的表情,仿佛他马上就要狠狠地打我了。我早已知道他这样做是为了看我的反应,因为我已经跟他相处很久了,知道他这样做是一种按钮行为。所以我完全放松了身体,没有退缩或躲避他,继续保持着微笑。当他没有得到想要的那种反应时,他只是说了声"哦",然后就放下了锤子。

我也曾遇到过一个18岁的年轻人,他有阿斯伯格综合征,当他发现扇了我巴掌之后我并没有朝他吼叫或是训斥他,反而非常平静地回应时,他感到有些困惑。他盯着我的眼睛说:"我刚才扇了你一巴掌,你不应该去叫人来帮忙一起修理我吗?"我回答说,我希望我们能继续玩神奇宝贝卡的游戏。他注视了我一会儿,耸耸肩,然后我们就继续玩起了卡牌。他之后再也没扇过我。这个年轻人之前习惯于人们会对他作出很大的反应,人们会赶过来制止他并罚他休课一段时间。他觉得和我在一起时也应该是一样的。当他发现情况并不一样、我并不会用那种方式进行回应时,他也就没有理由再打我了。

孩子们可能想通过打人、掐人或吐口水的方式来得到周围大人的反应。因为这时候大人们会关注他们,在他们看来大人的反应很有趣。例如,当孩子在客厅里安静地独自玩耍或和兄妹一起玩耍时,我们虽然跟他在同一个房间里,但是可能会在看报纸或做别的事情,而并没有关注他们。但当有人被打或被掐时,我们会给打人的人极大的关注。我们可能会有以下行为:

- 提高音量大声叫喊。
- 尖声说话。
- 一脸夸张滑稽的表情。
- 四处挥舞手臂。
- 竖起手指在面前摇动。
- 因为生气和尴尬而憋红了脸。

突然之间事情变得有趣多了!

如果孩子用能量爆发来看你"有趣的"反应,请使用下面的方法:

- 改变回应的方式。

不要作出回应,就像孩子没有打你一样。

  ○ 假如他打你时你在微笑,继续微笑。

  ○ 如果你表情平静,继续保持平静的表情。

  ○ 如果你在做饭或在处理其他家务,继续做下去。

这是少有的情形我不建议你对孩子大篇幅地解释为什么要温和待人。我的经验是如果孩子是由于这个原因而使用能量爆发的话，那么这种长篇大论的解释就是他们想要的回应。在这种情况下，我们要尽量亲切平静地跟他们说一次："我喜欢你温柔地对待我"或"如果你想对我说什么的话，打人、咬人或踢人是不能让我明白你的意思的。"然后接着做你的事情。这样既表明了我们已经知道了刚才发生的事情，也表明了我们的立场，但并没有把它变成他们期待的那种"大事件"。

- 在孩子温柔待人时，给他们一个大大的有趣的回应。

我们知道孩子能量爆发是为了看到我们的反应。所以现在让我们在他们温柔待人时给他们一个大大的回应。我们对他们有爱、温柔的互动作出的回应越多，他们就越会继续这样做而不是去打我们。

当孩子轻柔地拉着你的手或拥抱你时，给他们一个大而有趣的反应。我不是指仅仅说一声"谢谢你"。那很好，但是应该再多加一点料。这样的话，当孩子想要得到我们的关注、看到我们有趣的反应时，他们就可能会轻轻地抚摸你而不是打你。在表扬他们的同时，你可以：

　○ 唱歌。
　○ 在空中挥舞双手。
　○ 跳上跳下。
　○ 使用有趣的声音。
　○ 模仿动物。
　○ 使用夸张生动的表情。

宗旨是当孩子表现出理想行为时，要给他们一个大大的反应。越大！越有趣！越好！

利用能量爆发来应对他们的感官困扰

这一部分主要针对检查内容3，也就是说孩子的能量爆发很可能是用来调节他们的感官系统。我们知道孩子的感官系统有时可能会受到很大的挑战。他们体内可能蓄积了过多的能量而不知该如何释放。孤独症的孩子创造出了一套独特有趣的方式去释放这些蓄积的能量，以此来调节他们的感官系统。你可能看到他们会敲打自己身体的某一部分，跳上跳下来寻求手上或脚下的压力感，或是朝地上或桌子上拍打自己的手。经常有孩子将下巴重重地磕在我的肩上或手上。这些和其他一些类似的行为都是孩子用来尝试舒缓感官系统的行为。同样，咬人、掐人、拧人的行为也能让他们释放能量，帮他们舒缓自己的身体。

练习8.1

下面的练习可以帮你体验到挤压、咬和拧如何能释放体内蓄积的压力。

- 扣紧双手使劲挤,注意要全神贯注并使出全身力气。
  - 反复做3次,每次持续至少20秒。
  - 花一些时间写下感觉如何。它是否释放了体内的压力?你的双手是否有一种强烈的感觉?
- 抱起沙发上的靠垫,用尽全力抱紧它30秒。
  - 这是一种怎样的感觉?
- 找一个类似弹力球或用水浸湿的毛巾之类的东西。
  - 使劲咬它。我是认真的。用尽全力用牙齿使劲咬它。
  - 反复做3次,每次持续至少20秒。
  - 现在回忆一下感觉如何。你的下颌现在感觉怎样,那种感觉强烈吗?是否释放了下颌的压力?

当我做这个练习时,我感觉体内蓄积的所有压力都释放了,其他人也说有类似的感觉。这样做之后的感觉非常好!而且对身体也大有益处。我们的孩子这样做也是因为这个原因。然而,他们体内需要释放的压力比我们要多得多。孩子们只是借用我们的身体来处理他们自身的问题。因此,这里的关键就在于要帮助孩子找到除了利用他人的身体之外更好的释放压力的方法。如果孩子的能量爆发是因为这个原因的话,你可以使用下面的策略:

- 思考以下内容:
  - 我的孩子打我是为了应对他们的感官困扰。
  - 他们的行为与他们对我的爱和尊重无关。
  - 我可以更多地关注孩子的感官问题,帮他们来平衡他们的感觉系统。

  这些方法可以让你以一种平和、冷静和关爱的方式去回应他们。
- 帮他们按摩。

如果他们用头撞你,你可以按摩他们的头部。如果他们用拳头打你,你可以按摩他们的手。如果他们咬你,你可以用力按摩他们的下巴。如果他们用脚踢你,你可以按摩他们的脚或捶一捶他们的脚底。你可以对他们尝试刺激的身体部位施加压力给他们按摩。

- 给他们一个解释。

告诉他们当他们感到体内压力蓄积时,不需要通过打人、咬人、或撞头的方式来缓解。无论何时,当他们有需要的时候,你都愿意帮他们捏一捏。告诉他们当他们想要捏一捏的时候,就把他们的手、胳膊或脚伸到你的面前,你会很乐意帮助他们的。举个例子,你可以这样说:"当你的手需要一些压力的时候,你不需要打我,我可以帮你捏一捏你的手。下次当你的手有相同的感觉时,把手伸给我,我会帮你捏一捏的。"

- 全天候地给予他们感官刺激。

这个方法主要是要给他们主动提供一些他们一直在寻找的感觉输入,这样的话他们的压力就不会蓄积到需要通过能量爆发来释放的程度。我建议你每天至少3次进行下列活动。开始每项活动之前,你都要遵循我们在第1章中提到的让权指南的原则。每次当你打算给孩子感觉刺激时,要让他们看到你正在靠近他们,和他们解释你将要做什么,然后寻求他们的同意。记住,尊重孩子所暗示的"不"的意愿要比给他们提供感觉刺激更为重要。如果他们感觉自己有足够的自主权,他们就会更愿意敞开心扉让你给他们提供他们所需要的那种刺激。

- 开始用力地揉捏孩子的手、脚或头。
- 开始给孩子一个熊抱:你坐在孩子的身后,用双手和双脚紧紧箍住孩子,给他们一个非常有力的身体挤压。
- 开始用毯子将他们像一个热狗那样卷起来:用毯子紧紧地裹住他们,然后把他们从毯子里滚出来。
- 开始在孩子身上滚动大的理疗球。对于年纪稍大的孩子,这是给他们"熊抱"的一个有效方法。当你在孩子身上滚动理疗球时,把你的体重加到理疗球上,这样孩子就可以有一种非常强烈的感觉。
- 开始鼓励孩子在蹦床上跳动。
- 对于年纪稍大,如14岁及14岁以上的孩子,我建议你要确保他们得到大量的锻炼,如游泳、慢跑/跑步/远途的散步、在蹦床上跳动等这些真正能够消耗他们体力的活动。这些锻炼每周至少要进行3次。

你可以尝试上述的任何一个建议。挑选一个你认为孩子最喜欢的活动。当你进行前四项建议时,要先试验一下你在熊抱、揉捏、滚动理疗球的过程中需要用多大的力量。慢慢增加压力,同时观察孩子的反应确保他们喜欢。根据我的经验,如果孩子能量爆发是因为感官方面的需求的话,他们往往会喜欢非常大的压力,可能远比你想象的更强。

利用能量爆发来保护自己

这一部分主要针对检查内容4,也就是说孩子很可能是将能量爆发作为保护自己的一种方式。大多数孤独症儿童很难向我们这些普通人表达他们的想法和渴望。所以,这些孩子可能只能通过打人的方式来获得他们对生活不可或缺的控制力。

举例来说，Ellie是一个患有阿斯伯格综合征的4岁女孩，她的妈妈非常爱她和关心她。我曾观察过她们之间的互动，当时Ellie正在一个摆满了毛绒动物的滑梯上玩耍。她正在全神贯注地和每个小动物说话，并且编了一个动物们在小河里洗澡的故事。她完全没有在意她的妈妈，只是沉浸在自己的故事和毛绒动物中。她的妈妈想要引起孩子的注意，一直努力想参与其中。一开始，她坐到离女儿非常近的位置说："嘿，Ellie，看，我有一个可爱的小鸭子！快看！这只小鸭子多可爱啊！"Ellie没有回应，而是继续自己玩耍着。然后，妈妈更加努力地想引起Ellie的注意，她拿起其中一只玩具小狗并一边慢慢移动它一边发出"汪"的声音。Ellie把小狗拿了回来并把它放在了原来的位置上，一眼也没有看她的妈妈。妈妈很爱自己的女儿，非常想和女儿一起玩耍。后来她再一次拿起了那个玩具小狗并把它放到Ellie的头上，Ellie把它拿了下来并放回了原来的位置，还是一句话都没有说。妈妈再一次拿起玩具小狗并让它顺着滑梯滑了下去，这时女儿看着她说"不！"再次捡起玩具小狗放回了原来的位置。妈妈再一次拿起小狗并假装它在舔Ellie的脸。Ellie把它从脸上推开说"不"。然后妈妈把小狗放在自己的胳膊上，说"喔！这只小狗很开心，它想要舔舔你的脚。"Ellie说"不"，然后把脚藏到了身下不让妈妈碰到。然后Ellie又把小狗从妈妈手里拿走放回了原来的位置。然后妈妈又拿起小狗来挠Ellie的腋窝。Ellie把小狗拿走并用力掐了妈妈的胳膊。

这时，妈妈只能用失望的眼神看着Ellie并从她身边走开，不再碰Ellie的小动物了。

后来，当Ellie的妈妈和我讨论起这个情况时，她对我说，"我很高兴你看到了当时的情景。我不知道她为什么会掐我——她出乎意料地突然就变成了这样。"

很多时候，我们并没有意识到我们其实可能会成为孩子们尝试创建一个有序、可预见和可控世界过程中的绊脚石，或者有时我们并没有对孩子们其实已经非常明确的交流作出回应。从本心来讲，Ellie的妈妈其实并不是想控制或对抗孩子，她只是非常渴望和女儿交流互动、成为女儿世界的一部分，这也成了她和女儿玩的时候的关注重点。我相信我们都曾有过类似的情况。请记住：对于孩子而言，他们会感觉周围的世界非常混乱，因此安全感对他们来说非常重要。如果他们的世界总是被别人反复地打扰，他们想做的事情总是被无意地打断，我们的孩子可能就会觉得需要用尽各种方法来保护自己了。

练习8.2

为了进一步了解你的孩子在能量爆发前究竟发生了什么，你可以用录像的方法来记录你和孩子玩耍时的情景。通过这种方式，你可以发现在你和孩子互动或玩耍的过程中，你是否曾无意间剥夺了孩子的自主权。这个方法主要是要通过观看录像捕捉孩子出现能量爆发的时刻,然后你能看到在此之前发生了什么。在你和孩子最常玩耍的房间里安装一台摄像机。录制的过程中不要紧张,因为除了你之外没有其他人会看。当你打算和孩子进行一对一的互动时,打开摄像机。不需要其他人来帮你录像,只需把摄像机放在孩子够不到的地方,比如电视顶上或者书架上。按照这种方法练习多次之后,你就能抓住孩子能量爆发的时刻。

- 观看你已经录好的录像片段,看一下是否有时当孩子暗示他希望你停下来或不要做某件事的时候,你当时并没有意识到,所以你并没有回应他们的"不"。
- 你有没有试图阻止他们正在反复做的事情?
- 你是否和他们坐得很近? 可能因为坐得太近了,你会不经意间碰到他们或紧紧挨着坐在他们身旁了。

当你看录像时,尽量设身处地地去想一想。你要尽自己的全力去爱他们和帮助他们,他们的反应方式与大部分的孩子都不一样。如果你发现自己有上述行为,你应该感到激动。这是非常令人振奋的,因为这样你就知道通过改变自己的哪些方面可以让你和孩子更加和谐地相处了。如果你能给孩子更多的自主权,他们就会更愿意与你亲近并温柔相处。这都是好消息。

....

如果通过上述练习,你发现了孩子为什么打人的话,那么当你和孩子玩耍时可以采取下列措施。

- 思考以下内容:
  ◦ 我的孩子只是想尽力保护自己,他并不是恶意的。
  ◦ 我要尽全力来帮助孩子并与他交流。
- 倾听和回应:

有时我们可能会太过注意"让"孩子与我们互动,而忽略了我们应该倾听他们已经表达的内容。应该把你的重心放在倾听和回应孩子上,这能帮助你发现孩子已经向你传达的信息,让孩子不需要为了让你听他说话而使用能量爆发。你需要关注孩子对你的行为所作出的任何反应。比如:

  ◦ 当你靠近他们时,请注意他们是否会躲开。
  ◦ 当你触碰一个物品时,请注意他们是否会立即把它拿开。
  ◦ 当你发起一项活动时,请注意他们是否会说"不"或"可以"。

一旦你发现了他们的这些沟通方式,你就能够给他们回应,这样就会给孩子他们渴望的那种自主权。你可以这样做:

  ◦ 如果当你靠近孩子时他们会躲开,请注意不要再靠近他们。你甚至可以告诉他们，"我发现当我靠近你时，你会躲开，那么现在我只待在这儿。"

- ○ 如果你发现他们把你想碰的玩具拿开了，那就不要再碰或者移动他们的玩具了。你可以告诉他们，"我发现你不想让我碰你的玩具，好的，我不会再碰它们了。我应该去玩我自己的玩具了。"
- ○ 如果你发现他们表示出了"不"的意思，你可以和他们说，"谢谢你说'不'，我不会再那么做了。"

这些方法都可以帮助你更好地回应孩子的暗示。这样他们就不需要使用能量爆发来获得他们希望的那种对游戏或环境的控制权了。

另一个原因——过度用药

我在这里分享的是来自于我与上千个孩子和家庭的工作经验。我并不是医学专家（因此建议你关于孩子健康所做的任何决定都必须与你的医生进行商讨），但是我们不得不承认我们生活在一个用药自由且常常会因为一些小病就滥用药物的社会。你只需打开电视就可以看到许多的药品广告。而10年前情况还并非如此。我接触过一些家庭，他们的孩子有严重的能量爆发，这些孩子会长时间地大声尖叫、打自己、咬自己，他们攻击的对象不是别人而是自己。这些孩子长期服用3~5种不同的药物——可能长达5年之久。一旦这些孩子在医生的帮助下停止服用部分药物之后，他们的能量爆发也消失了——我认为这不是一种巧合。如果你觉得你的孩子可能是因为过度用药而导致能量爆发的话，我建议你咨询医生，看一下是否可以让孩子停止使用部分药物。

针对青少年或成人的额外方法

我在本章中提到的所有内容对年纪稍大的孩子、青少年或成年人都适用。接下来我将具体介绍一些针对年长的孩子的方法。有些人的孩子可能比家长还要高很多或者强壮很多。有些家长虽然深爱着自己的孩子，但有时又不得不担心自身的安全。下面的方法可以帮你保护好自己和孩子。你需要先试验一下接下来的这些方法；下列任一种方法可能都会有效，因此你可能会找到一种方法或几种不同方法的组合适合你的孩子和目前的情况。

创造安全的环境

首先要创造一个安全的环境，这样当孩子能量爆发时你能够保证自己的安全。当你知道可以为自己创造一个安全的地方来保护自己之后，你就会放松下来。你肯定希望在孩子面前保持放松，这是可以实现的。你可以使用下面的方法来保证自己的安全。

- 当你发现孩子可能要爆发时，做好准备。在你和孩子之间放置一个障碍物，这样你就可以保护自己而不被打到。这可以是一个大的理疗球、一个大坐垫或床垫等。将这些东西提前摆放在你和孩子最常待的房间里。当你发现孩子表现出可能要爆发的迹象时，平静地走到理疗球、坐垫或床垫的地方并将它放到你和孩子中间。这样的话，如果孩子过来打你，你可以举起它，这样你就不会被打到了。

- 尝试转移你的注意力。当孩子开始表现出要爆发的迹象时，尝试将你的注意力从孩子身上转移开，到房间的其他地方去做一些别的事情，如读一本书。如果可能，离开房间。有时如果我们能让孩子自己待一会儿，这可以帮助他们释放体内积蓄的能量。这种方法对Olivia就非常有效。

Olivia是一个16岁的孤独症孩子，与我相比，她长得又高又壮，而且每天都会爆发很多次。当她开始表现出要爆发的迹象时，和她在一起的所有工作人员都会离开，让她一个人在房间待一会，直到她自己缓解为止。我们发现，在这种情况下，如果我们和她说话或尝试与她互动只会加剧她的爆发。当我们离开一段时间之后，她更容易克服它，而且也没人会受伤。我们会安静地离开并尽可能尊重地跟她说，看来她要一个人待一会儿，我们很快就会回来。当她放松下来之后，我们就会回来。这是另一种躲开的方法。

- 如果你的孩子能量爆发时会一直在房间里跟着你，在家里找一间你可以进去保护自己的房间。想一想你可以去家里的哪个地方而不让孩子也跟着进去。找一个房间，你进去后可以从里面把门锁上。卫生间就是一个很好的选择。当孩子表现出要爆发的迹象时，平静地站起来并让孩子知道你要去卫生间了。在里面待着，直到你觉得孩子已经克服了能量爆发的问题之后再出来。

这个方法对33岁的Keith非常有效。当他爆发时他常常会跟着他的妈妈。当妈妈发现Keith可能要爆发时，她会走进卫生间。妈妈说这对她真的非常有效。在她使用这个方法之前，Keith每天可能都会打她好几次。当她使用这个方法之后，Keith一天内可能只有一次会跟着妈妈到卫生间，并砸门让她出来。当出现这个情况时，妈妈会跟Keith解释，她是不会出来的，因为她发现Keith仍在爆发而她不想被打到。她会跟Keith建议说他可以到客厅的蹦床上跳一跳来释放他过盛的精力。这样做了几周之后，Keith不再打他的妈妈也不再跟着她了。她说她之前从没想过可以躲到卫生间去保护自己。现在她已经被"允许"做这些事了，因此她不再对自己的孩子感到"绝望或害怕"了，因为她知道不管发生什么，她都可以保护好自己。

说"停"并重新引导

在完成本章之前提到的练习之后,你已经知道了孩子在能量爆发前会表现出哪些迹象。一旦你发现这些迹象并看到孩子向你走来准备爆发时,找一个牢靠的地方保护好自己,然后把手放在身前,像交警指挥交通一样,并用坚定有力的语气对孩子说"停"。我并不是说要用一种生气或尖叫的方式说"停",而是用一种自然有力的方式。找一个牢靠安全的位置把我们自己保护起来,让他们知道我们不想让他们打我们或与他们产生激烈的对抗。我们要从他们的角度去关注这种强大的能量给他们带来的"震撼",这样他们才能清楚地听到我们想要他们做什么。

当你坚定明确地说"停"之后,也要用坚定有力的方法立刻引导孩子通过其他的方式来发泄他的能量。你可以:

- 指着蹦床告诉他们在上面跳一会儿。
- 指着一个缓冲垫或大的垫子让他们跳着躺上去。
- 指导他们做10次深蹲跳。

下面的两个例子展示了上述两种方法具体该如何操作。

Tim是一个21岁的男性,他只能运用大概50个单词。他常常夹住别人的头然后攻击他们。他比我要高大和强壮很多,所以我根本无法长时间忍受这种情形。他的目光先会变得呆滞,然后四处走动并用自己的身体去撞墙。我使用了上面提到的方法:

- 当我看到他表现出要爆发的征象时,我会远离他。
- 我会把一个大的理疗球摆在我面前。
- 当他开始向我走来时,我会伸出手并大声坚定地说:"停。"
- 他每次都会停下来。
- 我立刻指导他去蹦床上跳一会儿,这样可以让他释放多余的能量。

所有照料Tim的人都采用了这种方法。过了2周之后,他不再对我们使用能量爆发了,而是会直接走到蹦床那儿去跳一会儿。

George是一个22岁的孤独症成人,他身高1.9米,体重约235斤。他喜欢穿着正装站在镜子前模仿他喜欢的电影《星际战警》中的场景。这看起来非常棒。然而,George对他的力量毫无所知。他喜欢跳到我们的背上让我们驮着他,或者会模仿电影《星际战警》中的场景,"柔道式降落"到我们身上。他并不想伤害我们,但因为他又高又壮,这确实会伤到我们。为了保护自己,我们采用了上面提到的方法:

- 当我们看到他打算在我们身上做"柔道式降落"或想要骑到我们背上时,

我们会伸出手说"停"。

- 重新引导他,让他骑到别的东西上或给他提供一些其他的东西来做"柔道式降落"。我们拿来一个拳击沙袋,并向他展示了如何"柔道式降落"到沙袋上而不是我们身上。我们亲自演示了一遍如何骑到沙袋上和在沙袋上做"柔道式降落"。

我们向他展示了整整3天之后,他明白我们希望他如何做了。第四天当他开始靠近我们时,我们说"停"并给他提供了沙袋,然后他就去使用它了。第五天时,他不再需要任何引导就可以直接跳到拳击沙袋上了。

注意孩子的饮食

考虑一下孩子的饮食。他们吃的某些东西可能会激发他们的能量爆发。随着孩子的长高长大,他们会进食更多的糖、添加剂、苏打和加工食品等。所有这些都可能会导致孩子的能量爆发。Patrick是一个22岁的成人,因为他的能量爆发,妈妈无法把他留在家里,只能把他送到养护中心。在此期间,他的妈妈向我进行了咨询,因为她想找到一个能让孩子回家的方法。我们要做的第一步就是改变孩子的饮食。幸运的是,孩子所在的机构尊重了妈妈的意见,让她负责提供孩子所有的饭菜和零食。她完全不再给孩子提供任何糖类、乳制品、苏打以及所有含糖和咖啡因的饮料。实际上妈妈只给他提供水作为饮料。通过这种方式改变孩子的饮食之后,孩子的一切都改变了。不到1个月,他就回到了家里。关于如何改变孩子的饮食,请阅读本书第12章中的内容。

关于饮食,另一个需要注意的问题是:当孩子成为青少年时,他们的身体会发生变化,他们对食物的需求也会增加。问问自己:是否给孩子提供了足够的食物? 可能你的孩子处于"极度饥饿"的状态,这可能会让他们的身体躁动不安而他们并没有意识到这是由于饥饿而导致的。

疑问解答

我的孩子经常用头撞墙,有时会非常用力以至于他的头上总有淤青。我应该怎么办呢?

我遇到过很多喜欢撞头的孩子及成年人。为了了解撞头是一种怎样的感觉,我亲自尝试用头撞过墙和地板,我发现其实这并没有特别疼。我们的孩子会非常小心地用头部最硬的部位去撞,比如前额或头的两侧,这样可以有强烈的感觉但又不会太疼。我接触过一个4岁的孩子,他非常可爱,但会经常撞自己的头。当我和他在一起时,他会跑过来,摸摸我的髋骨,再摸摸膝盖,然后用头撞我大腿上最柔软的地方。他并不傻,并不想伤到自己。我曾见到过一个7岁大的孩子不小心把头撞到了桌沿上,这确实伤到了他自己(但不是十分严重)。伤到自己之后,他再也没有用头撞过这个地方。

我们的孩子非常聪明,他们并不想伤害自己。在我们看来,撞头可能会非常痛,但请记住我们孩子的大脑结构与我们不同,我们感觉很疼的情况对于他们而言可能并不疼。如果我们能够相信孩子撞头是有原因的,我们就会更加细致地观察孩子的行为寻找他这么做的原因。如果我们认为这对孩子是有害的,那么我们就会立刻阻止他们。我相信你肯定这样试过,但他还是仍然在继续这种行为。

当孩子撞头时,这可能是因为他的头部想要/需要一个压力。有关这部分内容的详细描述和应对方法,请参阅本章中"使用能量爆发来应对他们的感官困扰"这一部分。

他也可能是将撞头作为一种与你交流的方式。你可以通过观察他是否是在你告诉他不要做某些事情之后才开始撞头的,以此来得到结论。如果孩子撞头是因为这个原因,有关这类行为的详细描述和应对方法,请阅读本章中"使用能量爆发来表达他们的需求"这一部分。我希望你能够更好地帮助孩子解决这个问题。

我的孩子会打他18个月大的妹妹。我认为他这样做是想看到我的反应,但我又不能无视他的这种行为。我该怎么办呢?

这种情况下,重要的是要照顾好你18个月大的孩子,同时不要给孤独症的孩子明显的反应。通常来说,打人的孩子会受到批评教育或"罚站"一段时间,并因此而得到更多的关注。我建议你通过下面的策略来改变这种情形:

- 抱起你18个月大的孩子,无视你孤独症的孩子,然后悄悄地离开房间。
- 不要跟孤独症的孩子说话,不要教育他不应该打小妹妹(我相信你已经跟他说过很多次了),在这种情况下跟他说话可能正是他所寻求的关注。
- 不要就这个问题大做文章。
- 当他和妹妹和谐相处时,给他更多的关注以满足他的需求。当你发现他俩玩得很开心也配合得很好时,走向孩子并好好地夸奖他一番,然后留下来陪他玩一会。让他明白,只有温柔地对待妹妹才能得到你的关注和回应。

这个方法对Wayne非常有效。Wayne今年8岁,过去的3年以来他一直打他的妹妹。他的父母尝试了很多方法但都没有效果。当他们向我咨询时,我建议他们尝试一下上面提到的办法。他的父母第二次应用这个方法时,Wayne就对父母说:"好吧,我以后不会再打她了,我不想让你们都离开。"他打妹妹只是为了获得关注,而不是真心想打她。使用这些方法2天之后,这个孩子就不再打他的妹妹了。

　　另一个需要考虑的问题是,孤独症的孩子只能和其他普通孩子单独和谐相处很短的一段时间。如果我们离开房间太久,那么孤独症孩子可能会抢走普通孩子想要的东西,或者普通孩子没看到或不尊重孤独症孩子所暗示的“不”。然后他们之间就会出现争执。当我同时需要照看我的孤独症教女和她的弟弟时,我知道如果我需要去做饭、洗衣服或处理别的事情的话,那么我最多只能离开7分钟。这是因为她的弟弟太过友善了,他会跟姐姐坐得非常近并且经常会不经意地打扰姐姐的活动。如果我需要去处理其他事情,我要确保自己在7分钟的时间内重新将注意力转回到他们身上。这的确很有效,可以减少他们之间可能发生的很多争吵。我会想办法让她的弟弟尽量跟着我,他也喜欢帮我做饭。当我的教女变得更加灵活、不再那么难以相处时,他们可以单独相处的时间范围也会增加。

　　这次又需要你化身为侦探,来摸索一下你的孩子之间可以单独相处的时间范围是多少了。我建议你不要把他们单独留在房间里超过这个时间范围。

　　当孩子咬我的时候我怎么能没有反应? ——这很疼。

　　这里我要告诉你,我也曾问过和你完全一样的问题,我的老师Bryn Hogan,爱萌计划®的执行董事,回答说:“如果你不想以后再被打就不要作出反应。”这么简单的一句话帮我度过了无数能量爆发时的问题。如果孩子咬你,虽然你无法阻止疼痛,但是你可以让自己不要喊出来,就像你在医生或牙医那儿一样。当你接受一个疼痛的手术操作时,大部分情况下你都会“坚持住”并保持安静。这里也一样。

　　我的孩子非常喜欢玩我的头发,而且有时候会扯我的头发。

　　很多孩子都喜欢玩头发,那种感觉非常有趣。如果你的孩子非常喜欢玩你的头发而且有时动作会不太温柔的话,那么我建议你不要让孩子有机会碰到你的头发。你可以把头发梳成马尾辫或盘起来。我曾经接触过一个可爱的妈妈,当她和孩子一起玩时,她会戴着泳帽。我知道这听起来可能很好笑,但妈妈说这完全改变了她和孩子的关系,因为她再也不用担心孩子会扯她的头发了,这样她就可以轻松愉快地和孩子互动了。

　　另外一个有用的方法是给孩子一个其他的替代选择。给孩子准备一个有长头发的布娃娃,告诉孩子如果他想玩头发的话可以拿布娃娃玩,而不要玩你的头发。

能量爆发检查清单

- 我们的孩子打人不是因为他想伤害我们而是因为他想照顾好自己。
- 我们的孩子打人的四个主要原因是:

- ○ 他想和我们交流一些事情。
- ○ 他想看到我们对他的能量爆发所作出的有趣的反应。
- ○ 他在应对自己的感官困扰。
- ○ 他想在一定程度上保护自己。
- 注意孩子在能量爆发之前和能量爆发时会表现出哪些迹象。
- 根据孩子表现出的迹象看他属于哪个分组(参照本章前面内容)。可能是1组、2组、3组或4组。
- 如果属于检查内容1,请使用下面的方法:
  - ○ 行动要缓慢。
  - ○ 告诉孩子你并不理解他们能量爆发的意图。
  - ○ 快速回应孩子其他的交流方式,如语言交流、声音,以及拉着你一起走。
  - ○ 当你发现孩子要爆发时,提前躲开,这样你就不会被打到。
  - ○ 如果孩子想要一些你并不能给他们或不想给他们的东西,那么给他们提供一些其他替代选择。
  - ○ 不要满足孩子能量爆发时的需求。
  - ○ 如果你想满足孩子的需求,那么要确保你在给他们东西之前要求他们用语言或非语言的方式进行交流。告诉他们,你满足他们的需求是因为他们使用了新的交流方式而不是因为他们打了你。
  - ○ 每当孩子能量爆发时,要坚持、一致地使用上述方法。
- 如果属于检查内容2,请使用下面的方法:
  - ○ 改变你对孩子能量爆发的反应。
  - ○ 改变成"没有反应"。要保持平和、冷静和无趣。
  - ○ 一次性地、冷静地跟他们解释你希望他们温柔待人、你不理解他们打人是想表达什么。
  - ○ 每当他们温柔待人时,给他们一个夸张的、有趣的、大大的反应。
- 如果属于检查内容3,请使用下面的方法:
  - ○ 孩子打我是为了应对他们的感官问题。这些行为与他们对我的爱和尊重没有任何关系。我可以通过给孩子更多的感觉输入来帮助他们舒缓他们的身体。
  - ○ 帮他们揉捏一下他们身体中需要感觉输入的部位。比如头部、脚、腿或手。
  - ○ 告诉他们,如果他们身体的某些部位需要揉捏一下的话,可以伸到你面前,你会帮他们捏一捏的。他们以后不需要再通过打你或踢你的方式来获得这种刺激了。
  - ○ 全天候地给予他们不同的感觉输入,这样他们体内的能量就不会蓄积到需要能量爆发的地步了。

- 如果属于检查内容4,请使用下面的方法:
  - 想着孩子是在尽最大的努力来保护他们自己,他们并不是恶意的。我也应该尽最大的努力去帮助他们,与他们互动。
  - 用录像记录你和孩子互动的情况,努力找到孩子能量爆发的前兆。
  - 设身处地地仔细观看录像,看看你是否忽略了孩子表现出的他希望你停下来、不要碰他的玩具或者不要那样说话的迹象。
  - 当你和孩子一起玩耍时,倾听并尊重孩子所暗示的"不"的意愿。
- 适用于大一些的孩子、青少年或成年人的方法:
  - 给自己创造一个安全的环境:
    - 准备一个大的理疗球、垫子、缓冲垫或床垫,在需要的时候可以放在你和孩子中间。
    - 当你发现孩子要爆发的迹象时,马上离开房间。
    - 在家里找一个你可以进去但孩子不能跟着你一起进去的地方,比如卫生间。
  - 重新引导孩子的能量:
    - 当孩子充满能量地向你走来时,伸出你的手并做出停止的示意,大声坚定地说"停"。
    - 引导孩子去蹦床上跳一会儿或跳着躺到缓冲垫上,或进行其他一些剧烈的体力活动。
  - 检查孩子的饮食。

这对你来说可能是个挑战。我希望现在当你的孩子能量爆发时,你可以全副武装、充满信心地去应对了。

第9章

······

如 厕 训 练

你是否觉得好笑？你做好让孩子进行如厕训练的准备了吗？如果你期待已久，那么这里就有清晰、明确的理念和方法可以帮助你，让你的孩子喜欢上使用厕所！这将会大有不同！我不是在向你推荐让孩子每隔30分钟或者每隔1小时就坐到马桶上这种传统的方法。这样的方法会让我们的孩子感到压力，并且会频繁打断他们正在进行的活动，这将会让他们更加不喜欢上厕所。我们要为孩子创造一种完全不同的体验。一种简单、轻松、有趣以及对你和孩子而言都非常美好的体验。这是一场踏入厕所的伟大征程！如果你已经训练孩子可以上厕所了，但仍存在一些相关的问题，你可以直接阅读本章最后的"疑问解答"部分。

从改变我们的态度开始

对于我们的孩子来说，我们就是厕所和大小便的"使者"。如果我们对厕所并不喜欢的话，那他们又怎么会喜欢呢？他们是不是不喜欢穿尿布、不喜欢被你照顾和清洁呢？我们成年人总是希望孩子能够摆脱尿布，在大小便方面能够像我们这些成人一样独立。我们要让这个过程变得尽可能的好玩和刺激，让我们的孩子觉得坐在便盆上是一件非常有趣的事情。这一切都取决于我们对厕所的态度。

你上次从卫生间里跑出来激动地上蹿下跳地跟外界分享你刚刚在厕所中尿尿的经历是什么时候？如果你的答案是昨天，那么你已经在帮孩子把上厕所这件事变得有趣和刺激了；如果你的答案是"从没有过"，那么你首先应该采用一些新的思路和理念来感受上厕所的乐趣。

厕所，尿尿和排便都是美妙的事情！

我曾经和一个好朋友一起吃午饭，当时她的孩子刚刚6个月大。当我们吃饭时，我们听到从孩子的方向传来了很响的搞笑的放屁声，随后闻到了难闻的臭味，他的尿布里有了一泡便便。他的妈妈耷拉着脸，看起来有些尴尬地说，"噢，真恶心！"然后她皱着脸非常失望地把孩子抱起来给他换尿布。当她给孩子换尿布时，她接着对他说，"我希望你不要拉这些臭便便，妈咪觉得这并不好玩，它们太恶心了！"

在其他场合下，我也多次在照顾者和孩子之间见到过类似的场景。这些场景所传达的一个重要信息是：便便非常恶心和讨厌。小便虽然没有大便那么恶心，但如果把小便在厕所之外弄得到处都是的话，也总会伴随着叹气和不愉快。

这种对待大小便的态度是一代一代传下来的。我并不完全理解为什么一定要这样。你们中至少有一部分人应该体验过无法大小便时是一种怎样的感受。你肯定也感受过在便秘好几天之后终于可以排便时那种极大的解脱感和美好的体验——你们知道我在说什么——你真的不想跟其他人分享这种畅快的感觉并稍稍庆祝下吗？

值得借鉴的有益理念

- 排便是我们身体非常重要的生理机能。
- 这是孩子身体健康的表现，他们体内的排泄系统正在工作；没有它们，孩子们将会出现严重问题。
- 如果孩子没有大小便的话，他们会非常痛苦。
- 闻到这些尿液的气味我就会知道我应该让孩子去上厕所了。
- 尿液一点儿也不脏，事实上尿液是无菌的。

上面的想法可以让你以一种更加积极的态度来面对孩子的大小便。保持一种积极和接纳的态度可以让你的孩子能够更加轻松地学习上厕所的过程。如果他们感觉到你并不喜欢他们正在做的事情，他们很可能会逃避这些经历。如果我们能够告诉他们，他们现在做得很好很棒，他们就很可能会接纳这种观点，并且更愿意在厕所里做这些事情！

不要施加任何"压力"

如果孩子不会上厕所的话，出门在外时你可能会觉得压力很大。如果孩子没有掌握这项技能，他们就不能上幼儿园、上学或是去参加一些日常活动。一些父母告诉我说，他们觉得作为父母，如果没有训练好孩子掌握如厕技能的话，别人会认为他们是不合格的父母。这可能会让我们去强迫或者要求孩子坐在马桶上。当我们的孩子感觉到这种压力之后，他们就会有逆反心理，变得更加难以管理。你的孩子最终会掌握控制权，随意地到处大小便。这是我们不能控制的事，因此最重要的就是让孩子觉得他们可以掌控他们大小便的时间和方式，而且我们对此也是轻松接受的。

如果你认同外界的观点,认为你必须尽快训练孩子学会上厕所的话,我建议你现在大可不必再为此纠结。不要让别人来指导你"应该"花多长时间来训练孩子上厕所,每个孩子都不一样。不要在这方面给孩子设定时间。这只是你和孩子之间的事,与其他人无关。相反,你要把关注的重点放在你在训练孩子掌握这项生活技能的过程中,你和孩子一起体验到的愉快感受。心情要平和放松,这项技能并不一定要现在马上就学会并完全掌握,不管你的孩子现在多大,你都有时间来帮助他们。现在让我们开始我们的厕所游戏吧!

如果你已经在训练孩子上厕所方面花了很多时间,但你觉得孩子还是没有学会,那么先问问自己,你对此是一种什么样的感觉。有些父母曾告诉我,他们会觉得"失望和生气",因为他们的努力并没有成功。当我们对某件事情感到失望和生气时,我们可能会希望把局面扭转过来,让我们自己开心起来。然后,出于这种改变的需要,我们会去强迫孩子。你对孩子不去厕所里尿尿感到失望是正常的,只是这对于我们鼓励孤独症孩子学习使用厕所是没有帮助的。即使你没有通过尖叫或大喊来向孩子"表现"出你的失望,也没用其他方式逼迫他们,孩子也还是会知道你的感受。我们的感情会通过无数细微的方式展现出来,我们的声音会变得严厉、我们的动作会变得不耐烦。当一个人强颜欢笑掩饰他的失望时,我们能感觉到,我们的孩子也能感觉到。简单来说,气氛会变得紧张。在紧张的时候,你会去尿尿或排便吗?或者在有压力和急事的情况下,你会去上厕所吗?而当你在平静的时候,情况可能会完全不同。

如果你对在孩子身上所做的努力感到失望,并且始终无法释怀,我建议你暂时停止如厕训练,至少暂停1个月。如果孩子已经掌控了局面,你先别去管他,这会让局势缓和下来。通常情况下,暂停一段时间能够完全改变之前的局势,我们的孩子很快就会发现我们内心态度的转变。暂停一段时间也可以帮你减轻这方面的压力放松自己。当你再开始的时候,你将有一个全新的状态,阅读本章之后你也会从中获益,并做好清晰、有效和无压力的策略准备。

如果你、老师、保姆或奶奶之前曾拖着孩子、强迫他或命令他上厕所的话,那么在孩子的头脑中可能已经形成了"我不喜欢厕所"的观念。为了改变孩子的这种观念,我建议你停止如厕训练至少3周的时间,然后用本章中所讲的无压力方法重新开始训练。

如何知道孩子是否已经准备好了?

如厕训练是每个孩子都能学会的技能。不论你的孩子现在多大,也不管他的问题多么严重,他们都能学会。但是你对时机的把握很关键。当孩子已经完成下述至少三项内容时就可以开始如厕训练了。这样你和孩子更有可能会成功，而且也可以缩短完成这个过程所需的时间。

- 孩子的年龄大于2岁半。
- 他们互动注意力的时间至少可以维持2分钟。互动注意力时间不是指他们可以和一个物品互动多长时间，而是指他们可以集中注意力和你互动多长时间。比如，他看着你并且和你一起参与活动（如追逐游戏、挠痒痒游戏、一起搭积木或画画）或者一起进行一场谈话，时间可以至少维持2分钟。
- 他们表现出一些需要使用厕所的意识：
  - 跳来跳去并表现出各种"我要便便"的独特动作的舞蹈
  - 在家里一个特定的角落排便
  - 问你要尿布来尿尿或排便。
- 如果他们在没有尿布的时候尿尿了，他们会发现尿液顺着腿流下来，而不是对此毫无知觉。

特别提示：如果你的孩子已经能完成上述内容但同时又很固执，也就是说他们对于大部分要求的回应都是"不"，那么也许现在还不是进行如厕训练的时候，你应该先集中精力让他们变得更加灵活一些。当你的孩子不再那么固执之后，你就可以开始如厕训练了，这时你的孩子会更加灵活和开放。关于如何帮孩子变得更加灵活，你可以参阅爱萌计划®发展模式，网址为：www.autismtreatmentcenter.org/contents/other_sections/developmental_model.php。

从头开始

找到孩子的自然规律

你可以通过回答下面的问题来找到答案：
- 他们喝水之后经过多长时间会尿尿？
- 两次尿尿之间的平均时间间隔是多久？
- 他们一般在每天什么时间大便？
- 他们每天大便几次？

找到这些规律最好的方法是在一段时间内记录"便盆日记"。记录的最佳时间是在学校放寒暑假或是连续3天不需要上课的周末。

记下他们每天大便的时间。大部分家长可能都知道自己的孩子什么时候大便。很多孩子每天都会在类似的时间大便。如果你的孩子不是每天在类似的时间大便或每天大便的次数非常多的话，请你记下每次大便的时间，经过一段时间后你可能就会发现其中的规律。

记下孩子每天尿尿的时间。如果孩子用尿布的话,可能会不太方便记录。为了更好地记录,请你将尿布拿开,让孩子穿上内裤或裤子,这样他们尿尿的时候你就能发现了。把这些时间记录在便盆日记中。将这些时间与他们喝水和吃饭的时间进行比对,这样你就可以找出他们在吃饭或喝水之后经过多长时间尿尿了。

当掌握了这些信息之后,我们就可以在孩子需要大便或尿尿之前,提前15分钟鼓励他们坐到马桶上。这比现在孤独症领域流行的让他们每隔半小时或1小时坐在马桶上要有效得多。当你把在便盆日记中收集到的信息运用到生活中时,你会在他们真正需要上厕所的时候引导他们去厕所。这可以帮助孩子把上厕所的身体需求与去厕所的真实经历联系起来,他们才更有可能在厕所进行大小便。许多人运用这种方法成功了。每个孩子都是不同的,我们需要根据他们各自的特点对这些方法进行适当的调整。

开始之前需要准备的物品

便盆

如果你的孩子还比较小,请购买一些小一点的便盆,这样当你注意到孩子想尿尿或大便时,你可以轻松地拿过来。如果你们生活在复式楼房里,那么楼上楼下都要准备一个便盆。如果你的孩子每天大部分时间都会待在某个特定的房间里,那么在这个房间里也要准备一个便盆。这非常实用,当便盆触手可及时,如厕训练也会变得非常轻松愉快。这样你也可以避免为了给孩子们拿便盆而将他们拉进卫生间而引起的争端。我们希望这个过程是愉快、简单和轻松的。

儿童专属的马桶座椅

对于普通的马桶,准备一个可以放在马桶上的座椅,马桶座椅的开口要小一些,以适应孩子的臀部,这样孩子坐在上面会很舒适而且不用担心会掉下去。购买不同材质的马桶座椅,塑料的或者是画着不同迪斯尼人物/动物/小鸟的,或者是毛绒材质的。想想哪种材质是你的孩子最易于接受和最喜欢的,购买你觉得最能吸引他们的那种。

露营便盆

如果你的孩子已经大于7岁,你可以从露营商店里购买一个露营便盆。便盆足够大,成人也可以坐在上边。你可以把它锁上。这种便盆有两种不同的类型:一种是用水冲洗的,另一种是用化学制剂冲洗的。因为你的孩子可能会对化学制剂非常敏感,我建议你选择用水冲洗的那种。同样,还是要把它放在孩子最喜欢和最常去的那个房间里。或者放在家里的某个你和孩子都可以轻松到达的地方,比如卫生间里。

篷布/帆布

找一些或购买一些柏油帆布或防潮布。它们非常有用,因为可以随意移动并且易于清洗！当你锻炼孩子如厕技能的时候,你可以把它们覆盖在家里的地毯或某些特定的地板上。这样的话,你在训练孩子如厕时,面对可能发生的任何意外都会感到更加自信和放心。

分体式便盆

这种小便盆通常由两部分构成,一部分是可以坐的部分,另一部分是用来装大小便的容器。你可以把容器拉出来,然后把尿液倒掉。即使你的孩子由于太大不适合用便盆了,你也仍然可以利用其中装粪便的容器来接尿。这对男孩尤其适用。假设你的孩子要开始尿尿了,你可以用这个容器轻松地把尿接住,然后你们可以一起把它倒进马桶里。这是孩子在去厕所小便之前一个非常重要的过渡。

挑一个开始的日期

提前挑选一个开始如厕训练的日期。确保在你挑的时间段里,你不用去拜访亲戚,也没有其他人来拜访你。如果你有配偶,他们在时会很有帮助;如果没有,请一位朋友或其他家庭成员来帮忙,可以请他们帮你购买日常用品,这样你就可以减少外出的时间(外出时你还要给孩子穿上尿布)或请他们帮忙照顾你的其他孩子。

做好100%的心理准备

在孩子学会真正上厕所之前会经历很多挫折和困难,在帮助他们克服这些困难的过程当中,你一定要坚定信念、坚持到底。如果你的孩子在如厕方面偶尔发生了一次意外,这通常是令人激动的,因为这是孩子正在逐步学会上厕所的征兆。当我们学习骑自行车的时候,只有经历过无数次的跌倒之后我们才能达到能够掌握平衡的完美瞬间,之后我们就可以自由骑行再也不会跌倒了。就像鼓励学车时从自行车上跌下来的孩子一样,当孩子忘了去厕所时你也要鼓励他们离成功就差一点了。每次这样的小意外发生之后,孩子都朝着如厕训练的成功又迈近了一步。

确保你已经做好了开始如厕训练的各种准备

开始之前要做好如厕训练所需的各种准备——也就是说:

☐ 你已经掌握了关于孩子何时最有可能会大小便的重要时间信息。

- □ 你准备好了所需的各种物品,比如便盆和防潮布等。
- □ 你已经提前规划好了开始启动训练的具体日期和时间。
- □ 你十分确定自己已经100%准备好了。
- □ 你迫不及待地想开始这场训练。

厕所计划

让孩子明确知道去卫生间意味着什么

当大人把自己锁在卫生间里的时候,孩子并不知道里边真正发生了什么。大人们默默地进去,出来时也不会解释他们在里边做了什么事情,看起来也跟他们进去时一模一样。开始和孩子分享在卫生间里发生的事情吧!

- 向孩子展示卫生间里发生了什么。当你尿尿时,你可以让女儿进来,让她看着尿液流进马桶里——不然她们怎么会知道? 对于小男孩来说,所有的父亲都可以站出来,向他示范怎么向马桶里尿尿。如果你是单身妈妈且没有伴侣的话,请一个叔叔或让孩子的哥哥来向他展示他们可以把尿尿到马桶里的神奇能力。当你大便完,不要立刻站起来冲水,让孩子们进到卫生间里看看马桶里的便便。兴奋地告诉他们排便的感觉多么美好,并且在马桶里排便是多么愉快的体验!

- 用语言向孩子们解释大便和尿尿到底是什么,以及为什么他们要学会使用马桶。记住,我们要和孩子交流,相信他们能够听得懂。当然,当你和孩子说话时,要以一种符合他们实际年龄的方式来交流。使用事物的实际名字,如阴茎、阴道、小便、大便,而不要使用类似"大号"、"小号"、"小鸟"、"小鸡"这类带有神秘感的词语。没有什么好尴尬的,这是一项非常自然而健康的活动。跟孩子解释下面的内容:
  - 你的身体如何消化食物,大便和尿是我们身体不需要的食物的一部分。
  - 大便是如何通过一个小洞从身体里出来进入便盆的。
  - 尿是如何通过一个小洞从身体里出来进入便盆的。
  - 它们是如何进入下水道并被处理掉的。
  - 他们不用再穿着尿布的那种感觉多好啊,他们的皮肤不会再感到尿的潮湿和大便的黏稠,这该多舒服啊。
  - 使用马桶为什么可以让我们保持干净清爽。
  - 穿儿童内裤的感觉会是多么的舒服和好玩。

在解释上述内容时,记住你是厕所大使。你要用一种有趣而热情的方式去跟孩子分享这些重要的信息。

把去卫生间当作家里的一件大事

- 每当你想要去厕所时,先确认家里有没有客人,如果只有你和家人在家的话,大声且清晰地向所有人宣布你的肚子有特殊的感觉,这说明你非常幸运,因为你可以去厕所了! 最重要的是表达的时候一定要带着无限的喜悦和期待。

- 当你完成了这项神奇的壮举从卫生间出来之后,让家里的其他人过来恭喜你! 不要强迫你的孤独症孩子单独过来,当其他家庭成员都过来时,他们也会想过来看看发生了什么。和其他家庭成员商量好,每次有人宣布要使用便盆时,大家都会聚过来并且热烈鼓掌。如果你的孩子不喜欢鼓掌的声音而喜欢音乐,那么可以创造一首简单的便盆歌曲,让他们过来一起唱。便盆歌曲可以是类似这样的:
"喔! 我要去用便盆啦,屁股屁股屁股万岁!
我坐在便盆上,喔,多美好的一天啊!
我要准备便便啦,擦干净、冲掉它,万岁万岁万岁!"

如果你是单身家长而且没有其他孩子的话,不要担心,你也仍然可以这样做。你不用让其他人过来为你庆祝并且唱歌或鼓掌,你可以走向你的孩子,然后为自己鼓掌喝彩并且为自己演唱便盆歌曲。在你帮孩子上厕所时,这种方式也会给孩子留下非常美妙的印象。

- 每次家庭成员使用便盆时,为他们颁发一个便盆或厕所证书。尽可能地让证书能够吸引孩子。如果孩子喜欢连环画的话,可以将连环画里他喜欢的人物印在证书上。如果孩子喜欢谈论天气,那么可以在证书上写下有关天气的趣闻。这些证书可以由家人进行颁发和展示。

- 我们并不是要让孩子去完成某件任务,也不是要命令他们去做一些和厕所相关的事,我们只是要让如厕成为家里的一件有趣的大事。你的心态一定要是真诚的,而不能欺骗孩子,如果你自己并不是真的喜欢这些事情,孩子会感受到。我们要找到这些事情背后的乐趣。你不会失去什么,只会和你的家人一起度过一段快乐的时光。

脱掉尿布!

现在的尿布非常高级,高级到我们的孩子穿着它们也不会感到一点点的潮湿或不舒服。一方面,这非常好,因为我们希望我们的孩子感到舒适,同时尿布疹的发生率也大大降低了。但另一方面,不幸的是,这让我们的孩子不能感受或注意到他们尿尿了,而当他们尿尿时我们也不能看到。所以如果我们把尿布脱掉后,如厕训练的进步会变得更快。当然,在你必须外出或是在晚上时,你仍然可以继续使用尿布。

我建议给孩子脱掉尿布的同时,鼓励孩子穿上可以简单快速脱下的宽松儿童内裤或运动裤。

这里就要用到帆布/防潮布了。当孩子们不穿尿布时,把它们铺在地毯或沙发这些孩子们常坐的地方上。这样你就不用担心孩子可能会弄脏你的地毯或家具了,当孩子突然要排便时,你也可以保持轻松愉快的心态。

任务分解

学习独立使用卫生间需要完成8个步骤:

1. 意识到自己需要去卫生间了;
2. 脱下裤子/内裤;
3. 坐在马桶上;
4. 尿尿或排便;
5. 擦干净;
6. 穿上裤子/内裤;
7. 冲马桶;
8. 洗手。

每次只关注一个步骤。有些步骤你需要去教给他们,而有些步骤孩子可能自然而然就会做了。告诉他们按照每个步骤来,他们可能很快就能轻松掌握了,也许会让你感到惊讶。

当我告诉Aleem的妈妈他已经完全可以自己穿衣服和上厕所了时,他的妈妈感到非常震惊。我只是让他这么做而他就真的做到了!他的妈妈从来没让他这么做过,她已经帮他做这些事很久了,而Aleem也从未自己做过这些事情。

你不用完全按照顺序来做这些事,举例来说,如果你的孩子不能做到第2步,那么你可以帮他完成这个步骤然后让他继续第3步。我们的最终目的是让孩子学会使用马桶——刚开始时帮孩子脱掉裤子或擦屁股也是可以的,最终他们是能够学会这些步骤的。

让孩子坐在便盆或马桶上

记住,我们的主要目标是让孩子在没有我们的帮助下喜欢坐在便盆上。这意味着我们要让上厕所成为对他们而言完全无压力的一种体检。请记住,给孩子自主权是非常重要的(第1章),我们并不想把孩子拽到那儿来强迫他们坐在马桶上,我们希望他们出于自己的意愿自愿到那儿去。这并不是说我们不能牵着他们的手或者把他们抱起来带到厕所去,但是一定要提前得到他们的允许。如果他们从我们这里跑开了或者说"不"——尊重他们的意见并试试下述建议。在上厕所这件事上,我们不能强迫孩子,这是完全由孩子自己掌控的事情。因此,既然给孩子自主权是非常重要的,那么在上厕所这件事上就更是如此。

什么时候让孩子们坐在马桶上

- 通常在他们需要尿尿或排便的之前15分钟。你可以通过你记录的"便盆日记"来获得这些信息。我们建议提前15分钟是为了让我们有时间以轻松愉快的方式带他们到那儿。我们有足够的时间来使用各种不同的方法。
- 当孩子用他们特有方式跳"便盆舞"时——交叉双腿、轻抖双腿或者抓着自己的生殖器。
- 当看到孩子已经开始尿尿或排便时。不用尿布的好处就在于这时你可以看到他们尿尿或排便,以便有更多的机会给他们提供便盆。
- 当他们对便盆、露营便盆或马桶表现出兴趣时,可以是看着它、走向它、或是摸摸它,我们应该密切关注。待他们走过卫生间或从便盆旁边经过时,向他们介绍厕所。如果他们看向那个方向,也要向他们介绍。

怎么做

- 口头上——用任何你喜欢的方式问他们。你可以借鉴下面的建议:
  ○ "亲爱的,是时候去便盆那儿啦——万岁! 看看我们能不能尿尿或者排便——我好奇这次会是哪一个。"
  ○ "又到了便盆时间啦! 加油,看看我们谁能先到厕所!"
  ○ "看起来你真的很想尿尿或排便了。跟我一起去厕所吧,这样我们可以把它拉在马桶里。"

用他们最喜欢的卡通人物或玩偶来告诉他们便盆时间到了。可以是一个玩偶,或者是一个鲨鱼木偶,或者是一个真空玩具。根据我的经验,当我们用一种玩偶的语调来跟孩子提要求的时候,他们更有可能会回应我们的要求。当你这么做的时候,不要忘了要根据不同的玩偶去调整自己的声音!

- **牵着他们的手**——在你和孩子说的时候,或者在你说完没有得到孩子回应的时候,你都可以牵着他们的手。

走近他们,跟他们说你打算牵着他们的手带他们一起去厕所。如果他们同意,就立刻走到厕所。当你和他们一起走时,时刻关注他们是否神态自如;如果他们想把你推开,你要及时放手,让他们知道他们有足够的自主权。

- **抱起他们**——当你打算抱起孩子时,一定要遵循本书第1章中提到的爱萌计划®家长让权指南。告诉孩子,你将要抱起他把他带到卫生间,这样他就可以坐在便盆上了。要用一种愉快而激动的方式告诉他！征求他的同意。如果他跑开了、有所挣扎或者拒绝被抱起来，一定要给他足够的自主权，不要再尝试去抱他了。我们不希望和孩子产生任何有关自主权的争端，在如厕训练方面这一点尤为重要。

- **你亲自进入卫生间**——你可以边和孩子交流边走近卫生间；有时候你真正走进卫生间可以帮孩子下定决心跟你一起进去。如果孩子对你的口头或躯体请求没有反应，那么你可以告诉他，你会在卫生间里等他并先走向卫生间。当你走到卫生间后，在那儿安排一些好玩的事情，这样孩子可能就会想过来看看这么热闹到底是发生了什么：
  - 发出一些声响，唱一首孩子喜欢听的歌，吹口琴，打鼓。
  - 如果孩子特别喜欢电影里的某个场景，你可以在卫生间里把它表演出来——声音要足够大，确保你的孩子可以听到。
  - 带一些你觉得孩子肯定会喜欢的东西到卫生间。如果孩子喜欢玩绳子或者是橡皮泥或小汽车，让他知道你带着一团绳子或很多小汽车一起去卫生间了，而且你希望他也能加入进来一起玩。
  - 如果孩子喜欢视觉刺激，如喜欢看东西从空中飞过或从眼前掉落，你可以让一些小东西在卫生间飞来飞去——或者飞出卫生间的门口。

这么做的目的是希望给孩子充分的理由让他们来卫生间。

- **持之以恒**——要不止一次地去询问孩子，一遍又一遍地去问他，在孩子有回应之前，你可能需要问上很多遍。坚持住。请相信，每次当你询问孩子而他没有回应时，你离他们准备回应的时间又近了一步。我们的孩子与其他同龄孩子相比，在回应我们、回应世界以及处理诸如坐在马桶上这些日常事务方面更加困难，因此他们需要花更多的时间来跟上我们的思路。我们不能放弃他们，我们要坚持下去，给他们更多的机会。当我们不再给他们机会时，我们也剥夺了他们尝试学习的机会。

但这并不是说你一整天都要不停地询问他。如果孩子对于你的询问没有回应或是已经表现出有所考虑的样子，你要继续询问；但至于要询问多久，并没有精确的时间要求。我建议，如果孩子没有通过语言或非语言的方式明确地表示拒绝，那么我们就可以继续使用上述各种方法，至少坚持5分钟。根据我的经验，即使孩子对我不感兴趣，但他们还是会知道我在做什么和说什么。我希望让他们知道我认为使用厕所是有趣和美好的事情，而且他们也可以做到。我给他们展示的越多，他们就越有可能会去考虑亲自尝试一下。我希望自己能够做得足够好，这样的话孩子晚上躺在床上时就会想，"妈妈真的是很喜欢去厕所呢，也许我也应该去试一试。"

如果孩子明确地说"不"，那么请尊重他们的意愿并让他们知道你会在3~5

分钟之后再问他们一次。

- **希望孩子坐在马桶上,而不是命令孩子坐在马桶上!** ——只有在我们非常热情地希望孩子坐在马桶上而不是"需要"他们这么做时,上述的方法才会有效。如果我们的幸福感、成功感或快乐都依赖于让孩子去做我们命令他们做的事(这里指坐在马桶上),我们是很可悲的。当孩子们拒绝你时,你也应该能确保自己保持良好的心态。

当我们对某个特定结果的预期没有按我们希望的那样尽快出现的时候,我们的脑子常常会僵住。突然之间,我们想不起任何一种能够帮助我们的孩子坐在马桶上的方法了,我们可能会觉得他永远都学不会了。这很快会变成一个即将成为现实的预言。而且,当我们觉得不开心或很可悲时,我们脑子里也不会再想其他事情了。我们在和孩子们玩耍和鼓励他们时,我们的想法和感受都是非常非常重要的。如果你感觉你现在急于让孩子坐在马桶上,先停下来,休息10分钟,给自己倒一杯茶。当你喝茶的时候,想想以下内容:

- 没必要着急,不管你的孩子现在多大,他们会学会使用厕所的。
- 你的房子不是一夜建成的,而是一砖一瓦盖成的;孩子学习新的技巧也是一样,需要一步一步来。
- 你是帮助孩子的最佳人选,你和孩子有着最亲密的关系,你最了解孩子,可以给孩子最多的时间。
- 你在尽最大的努力让你和孩子做得更好。

不要执著于总想让孩子坐在马桶上,而要享受让孩子去厕所的过程。专注于这种请求,并以有趣的方式引导他们来上厕所。

向孩子展示上厕所的过程

- 当你需要去厕所时,让孩子知道并且跟着你一起去。
- 让不同的动物玩偶或卡通人物去使用马桶。你可以在孩子面前用迷你马桶给他们做演示。
  - 你可以简单地让一只泰迪熊走近马桶,倾斜它的身子让它假装在尿尿,并发出尿尿的声音。当你在做这些时,假装用泰迪熊那种深沉的声音说,"噢!我非常想尿尿,这肯定是因为我喝了很多果汁。"尿完尿,泰迪熊可能说,"噢,这种感觉真是太好了,真开心我能像一只大熊一样在厕所里尿尿,所以我不用再穿尿布了,我也可以让森林保持洁净。"然后祝贺小熊先生成为了一只如此聪明的熊。你不需要强迫孩子看着你或者是参与到这个小游戏中,但如果他们愿意,你要积极地夸奖和鼓励他们。
  - 如果你的孩子确实不喜欢常规的玩具,你可以用一些无生命的物品,比如火车、小汽车、串珠、字母或数字等。展开想象,所有的东西都可以上厕所。

调动孩子的积极性

将厕所与孩子们感兴趣的事情联系起来,调动孩子的积极性。你可以将上厕所融入到那些你和孩子已经在玩的游戏中。这样孩子就会在他们感兴趣的东西和活动中思考和探索坐在马桶上的概念。你可以在孩子实际上不需要上厕所的时候这么做。比如:

- 假设你的孩子喜欢表演迪士尼电影里的场景,可能是《玩具总动员》或《美女与野兽》。让你扮演的卡通角色停下来去上厕所。比如,巴斯光年需要在太空尿尿,你和孩子需要一起思考如何在太空里制造一个太空马桶。
- 可能你的孩子喜欢画画——你可以画一个坐在马桶上的人。
- 如果你的孩子喜欢拼写,你们可以拼写与上厕所有关的单词或者句子,比如"T喜欢坐在马桶上。"
- 如果你的孩子对数学和数字感兴趣,你们可以计算一个人平均每周、每月或每年需要去几次厕所。
- 如果你的孩子喜欢谈论某个特定的话题,比如暴风雨或者迈克尔·杰克逊,你可以通过讨论迈克尔·杰克逊家里的马桶会是什么样子的或者如何在龙卷风的中心去上厕所,通过这些讨论来引入上厕所的话题。

夸奖,夸奖,再夸奖

永远不要低估夸奖的作用。我们都喜欢被夸奖!当我们还是小孩子的时候,我们总是喜欢做一些能让我们获得关注或者能被大家夸奖的事情,我们中有些人可能至今仍是这样。

我知道,当你的孩子第一次使用马桶时,你一定会非常开心和激动!我相信你肯定会大肆夸奖他们一番。但我们常常可能会忽略的是,在孩子达到最终的目标之前,我们要夸奖孩子所取得的每个微小的进步。下述是整个过程中,建议你可以夸奖孩子所取得的每个进步。

- 夸奖孩子做的与厕所有关的每件事情。
  - 当他们看向厕所时,夸奖他们。
  - 当他们按你的请求进入厕所时,夸奖他们。
  - 当他们摸马桶时,夸奖他们。
  - 当他们坐在马桶上时,夸奖他们。
  - 当他们在马桶里排便和尿尿时,夸奖他们。
  - 当他们注意到自己刚刚排便或尿尿了时,夸奖他们。
  - 当他们告诉你他们需要上厕所时,夸奖他们。

◦ 当他们完成脱裤子、自己擦屁股、冲马桶、洗手这些阶段时，夸奖他们。
- 适当调整你的声音。
  ◦ 用一种拉拉队的音调大声夸奖他们。
  ◦ 像你亲吻他们晚安时那样甜美轻柔地夸奖他们。
  ◦ 用轻声耳语夸奖他们。
  ◦ 通过唱摇滚乐或者摇篮曲的方式夸奖他们。
  ◦ 用有趣的声音夸奖他们，如唐老鸭、米老鼠或大力水手的声音。

疑问解答

我的孩子不让我给他换尿布——每次都和打仗一样。

这很可能是一个控制权的问题。当你要给孩子换尿布时，下面这些建议可能会有一些帮助。

- 详细地跟孩子解释给他换尿布有多重要：
  ◦ 你是在努力帮助他们，这样尿尿和便便不会长时间黏在皮肤上，就可以避免得湿疹了。
  ◦ 尿布已经湿透了，它们的吸湿能力是有限的。
- 当你打算给孩子换尿布时，要提前告诉他们。他们可能觉得换尿布对于他们而言太突然了，孩子需要突然从一个活动转变到另一个活动中，他们会下意识地抵抗这种转变。当你给他们换尿布之前，给他们一个倒计时的提醒：提前10分钟给他们一次提醒，然后再提前5分钟和2分钟，分别提醒他们一次；通过这种方式，可以让他们能够提前做好准备。
- 尝试用不同的方式给他们换尿布。根据我给不同年龄的孩子换尿布的经验来看，每个孩子都有自己喜欢的方式。我觉得比较有效的一种方式是在孩子自己所在的地方给他换尿布。举例来说，我会在地板上铺一块毛巾，把湿巾和干净的尿布准备好，把它们放在毛巾旁边，然后一边拍拍毛巾一边让孩子躺下来给他们换尿布。这样，孩子能够明确地看到我们希望他们做什么，然后听从自己的意愿主动过来。或者，在他们站着或是被其他活动吸引时，我也可以给他们换尿布，比如他们可能是在看一本书，或把他们的东西在桌子上排成一排。他们的活动不会被打断。试试不同的方法看哪一种更有效。

这也可能是一个感觉问题，你的手是不是太冷了？或者孩子的皮肤感觉你的手会有些粗糙？我们的手可能因为做饭而有些黏，你的孩子跑开可能是因为他不喜欢这种黏黏的感觉。也可能是与换尿布本身无关的一些感官问题。可能我们身上有孩子不喜欢的香水味或发胶味，这种味道对孩子而言可能太冲了，因此他们就跑开了。再次发挥你的"侦探"本领,仔细探索孩子是否有感觉方面的不适。

我的孩子把他的便便抹得到处都是还把它吃了。

我给一个5岁孤独症男孩的妈妈提供过类似的咨询。在谈及她的孩子时,她一直充满着热情和活力,直到聊到孩子会把自己的大便抹得到处都是并把它吃掉。当她说到这个问题时,她的声音很低而且不愿看我的眼睛。当我问她为什么要放低声音时,她说这太丢人了,她不想让别人知道。她还很肯定只有她的孩子才会这么做。羞愧是一种非常孤立的情感经历。所以,首先要知道,并非只有你一个人遇到过这种情况,你的孩子也不是地球上唯一一会这么做的孩子,没有什么羞愧的。不论是孤独症儿童还是其他普通儿童都可能会这么做。你之所以会觉得只有你的孩子会这么做,那是因为没人谈论过这个问题。那么,现在就让我们一起来谈谈这个问题吧。

我们应该做什么:

- 要对此保持良好的心态。不要把它看做是一件恶心的事情,我们要记住我们之前谈到的理念,排便可以让我们的身体维持正常的功能。因而孩子能够排便我们应该感到开心。我们可以从这个角度出发,告诉孩子便便是很好的但不是我们可以吃的东西。这可以让你和孩子更加轻松地去应对这个问题。
- 让他们难以接触到自己的便便。
  - 给孩子们穿上一些衣服,使他们难以把手放进尿布里掏出便便。比如,你可以给他们穿上在背部系带的连衣裤。或者把连体睡衣的下面裁掉,这样你就可以从后面给孩子穿上,拉链也会在背面,他们就很难碰到他们的便便了。
  - 当你给孩子换尿布时,给他们一些其他的东西占用着他们的手,这样他们就不会惦记着便便了。
  - 不要让其他事情分散你的注意力,尽可能快地给他们换完尿布,这样他们就没有时间碰到便便了。先放下电话,放下其他孩子,不要让其他任何事情分散你的注意力,专心并尽快地给孩子换完尿布。有时我们会因为电话或其他孩子而分散注意力,这样无意之中就给了孩子抓到便便的时间。
- 检测孩子是否在饮食方面具有缺陷。有些孩子想吃自己的便便可能是因为他们体内缺乏某些矿物质。咨询医生并请医生给孩子检测一下,看孩子是否存在这个问题。

我的孩子会在半夜把他的便便抹得满身都是。

我曾经接触过很多遇到过类似问题的家庭。95%的案例中,问题都出在孩子抹了便便之后发生的事情。父母会花30多分钟给孩子洗澡,把他们洗干净。这会成为促使孩子继续涂抹便便的动机,因为他们喜欢洗澡或者在半夜得到父母的关注。抹便便只是一种满足上述需求的方式。一旦父母不再关注他们,不再给他们提供有趣的洗澡之后,孩子就不会再抹便便了。有哪些方法可以帮你实现这个目标呢?你可以试试以下两种方法:

- 如果孩子只抹了一点儿,我建议你先不要管它,不必给孩子擦洗干净。这个方法非常有效。我见过很多成功案例,在孩子们看到父母并没有出现之后,他们也就不再继续涂抹了。我从来没有听说过某个孩子因为身上有一点便便就会死亡或生病。有多少次在你睡觉时孩子把便便弄到了你的身上而你并没有意识到?让孩子身上带着便便入睡并不代表你是个坏妈妈或坏爸爸,你的出发点才是最重要。你这么做的目的是为了要让孩子知道,便便应排在便盆里而不是用来玩的。

- 如果孩子抹了很多便便,不处理就会弄得卧室里到处都是,反而让你在白天要花更多的时间来清理它,这种情况下你要尽可能悄悄地进入孩子的房间——不要吸引孩子的注意也不要和他们说话。这样做的目的是不要让这个过程变得有趣——但这也并不是说要让孩子感到不舒服,就是尽量表现得适当。不要给孩子洗澡,只用湿巾把孩子擦干净然后尽快离开。

我的孩子已经完全掌握了如厕技能。但他会在马桶里玩他的便便。

如果你的孩子可以独立坐在马桶上,并且利用这个时间到处抹便便,那么给他们一些其他的东西来玩。便便有一种特殊的质感且气味很重——在马桶旁边放一碗与其手感类似的东西,可以是黏土、橡皮泥、香蕉糊,同时加入所需的油——广藿香油也有非常重的气味。告诉孩子玩便便不利于他的健康,但如果愿意,他可以随时玩这些替代物品。

Ali是一个12岁的孤独症儿童,具有中度的语言能力,这个方法在他身上非常成功。他已经完全掌握了如厕技能,但当他单独在厕所时,他会在马桶里玩他的便便。他的手接触便便之后会变得非常不适。他的父母觉得他们不能每时每刻都陪着他。我们决定在马桶旁边放一碗黏土。跟他解释说,他的手会感到不适是因为接触了便便,如果他可以玩黏土而不再玩便便的话,他的手就会痊愈,而且我们会把黏土留下来给他玩。当他的父母和孩子一起在厕所时,他们会给他一碗黏土并向他示范如何去玩,同时每次都提醒他黏土始终都放在这里。1周以后他就不再玩他的便便了!

虽然我的孩子小便时会在厕所里尿尿,但每次大便时,他都会向我们要尿布并把大便排在尿布里而不是马桶里。

排便对我们来说都是一种强烈的生理体验。对于孤独症儿童,我相信这可能会是一种更加强烈的感觉体验。这些孩子大部分都有消化道的问题,这导致他们常常会出现腹泻或者便秘,因此排便对他们而言更是一种挑战。我们每个人都有自己喜欢或习惯的排便方式。

解决这个问题最有效的方法是停止提供尿布,不要再购买尿布并把家中剩余的尿布都处理掉。慢一点的方法是挑一个时机告诉孩子随着他们年龄的增长,他们要逐步从在尿布中排便转变成在马桶里排便——把这当作是一个幸福愉悦的成长宣言。在接下来2周的时间里,他们每天只能用一块尿布了。告诉孩子,他们可以在任何时候要求用尿布,但每天最多只能用一块,一旦用完就只能等到第二天了。这样2周之后,让孩子知道尿布已经全都用完了。

快一些的方法是直接进入家中没有尿布的状态。如果你家里还有一个更小的孩子需要使用类似号码的尿布,请确保把这些尿布放在你的孤独症孩子拿不到的地方。可以用这两种方法让孩子停止使用尿布,快一些的方法或慢一些的方法都可以,你可以自己决定,这两种方法都很有效。

当你的家里已经完全没有尿布时:

- 在你用完最后一块尿布的前一天,将厕所按照孩子喜欢的方式进行装饰。比如,我知道一个有爱的家庭在厕所里贴满了爱探险的朵拉的贴纸——他们的女儿非常喜欢。另一个家庭的孩子非常喜欢丝带,他的父母就在马桶周围系满了蝴蝶结。还有一对父母设计了一个能说话的泡泡,泡泡从厕所里出来时会说"欢迎Max的便便!我很高兴能收到Max的第一份便便!谢谢Max。"然后会做出一个大大的笑脸。

- 对于家里不再提供尿布的决定,要立场明确而坚定。如果孩子感觉到你对这项决定的立场并不是很坚定,他们就会强烈要求使用尿布。而如果他们感觉你的态度很坚定的话,他们就会遵从。

- 当他们要尿布时,用一种激动和庆祝的语调告诉他们已经不用再给他们准备尿布了,因为他们现在很聪明,早就已经毕业,可以使用马桶了。而且家里的马桶已经开心地准备好接收孩子的便便了。然后告诉孩子,你已经为此把厕所装饰了一番,并邀请孩子一起去看一看。

- 向孩子示范坐在马桶上,然后让他们跟着做一下。

- 如果他们拒绝,告诉他们不用现在就排便,如果他们想走也随时可以走,但以后不会再提供尿布了。

- 这时交出控制权是非常重要的,不要用任何方法强迫他们坐在马桶上。我会告诉孩子当他们准备好了之后,他们随时可以在这里排便,然后留他们自己在厕所里。我听到很多次:当孩子们独自在厕所里并且没有人告诉他们需要做什么时,孩子们自己就会在厕所里排便了。

- 他们一开始可能会哭,觉得这样你就会妥协并给他们提供尿布。要知道孩子并没有任何危险或压力,他们只是在闹脾气,企图得到尿布。如果你已阅读过第7章,你会知道该如何应对他们闹脾气的情况,这里也是一样。告诉孩子他们已经不需要使用尿布了,他们已经长大可以使用厕所了,即使他们哭闹,尿布也不会回来了。他们现在已经能够在马桶里排便了。

- 相信他们会克服困难、成功完成这种转变的,你是在帮助他们完成这种有益的转变,这有利于他们更好地融入外界的社会生活。

我的孩子会躲到房间的其他地方独自排便。

这可能是因为他们不喜欢周围的人看到后大声说"噢!你是不又拉臭粑粑了?"他们之前可能遇到过这种情况,因此他们选择逃避。如果是这样,那就告诉孩子你觉得他的便便是非常好、非常健康的东西,他们完全可以在你周围或在厕所里排便。

有时我们的热情反而会变成阻碍!排便是一种很强烈的感觉体验,我们的孩子可能想独自一人保留隐私,最好的方法是让他们独自完成。阅读到这里,如果你感觉在孩子想要排便时,你与孩子进行的互动交流并没有什么效果的话,那么请你试试保持安静。我遇到过一个可爱的女孩,我曾用生动有趣的方式邀请她坐到马桶上,但她却憋着大便对我的邀请不予理会。所以我换了一种方法,我压低声音、不再那么活跃,告诉孩子她可以一个人在厕所里便便,花多长时间都可以。然后我离开并安静地坐在其他房间,给了她足够的空间。7分钟之后,她坐在了马桶上,最后她花了15分钟拉完了便便。显然她需要花很多时间和精力在排便上,当我不在周围时她会觉得更加轻松。

如果你按上述方法改变后,你的孩子还是躲开你到屋里的其他地方排便,默默观察,看看能不能找到这个地方吸引你的孩子的原因。我遇到过一个6岁的小男孩,他总是在空调出风口旁排便。我建议家长在马桶旁边放一架风扇。之后小男孩很快就去厕所排便了。主要是冷风的关系。记住,孩子怪异的行为表现背后总是有一定的原因的——我们的工作就是要相信并找到这个原因。

如果你找不出具体原因,也可能是因为孩子某天碰巧这么做了,然后他们固执地想要继续这么做。那么首先在他们排便的那个地方放置一个便盆,让他们知道你已经在那里放了一个便盆,他们可以把便便拉在里面。每过几天把便盆往厕所移一点,这样一点点的改变可以让孩子慢慢接受在其他地方排便。

我的孩子上完厕所不洗手。

如果你的孩子不喜欢在洗手池里洗,可以在他上完厕所到处跑的时候给他拿一条湿毛巾。采用让权指南中的解释、提前警告和寻求允许的方法,用毛巾或湿纸巾给他洗手。这可以帮他了解并适应我们在上完厕所后需要洗手的习惯。

在你这样做了一段时间之后,下次你在洗手间里时,可以在孩子上完厕所之前拧开水龙头。让洗手变得更加有趣,这样孩子在离开厕所之前会愿意到洗手池这边来。

- 如果你的孩子喜欢泡泡,在洗手池里装一些水再弄出一些泡泡。
- 买一些他们喜欢的卡通人物形状的肥皂。
- 在水池里装一些水并在水底放几辆小火车,让孩子去拯救它。
- 充满兴趣地向孩子示范如何洗手。洗完手后,你可以说双手变得非常干净,闻起来也很香。

他拉完便便之后不会擦屁股。

孩子学会擦屁股需要很多时间、锻炼和耐心。根据Christopher Green博士的理论,普通孩子在学会用便盆排便之后也至少有1年的时间不会自己擦屁股,之后他们需要花1年的时间才能掌握这项技能。我对此的建议是用一种轻松有趣的、非强迫的方式持续不断地鼓励孩子学习擦屁股。

我的孩子总是在地板上尿尿——他这么做是故意的,因为每当我告诉他不要这么做时他都会看着我大笑。

这听起来像是一种按钮行为。我们在第6章中曾讨论过按钮行为。它是指孩子们有时做一些事情只是为了看我们的反应。我这样推断的原因是他在往地板上尿尿时会一直看着你。这说明相比于尿尿这个行为本身,他更关注你对于他往地板上尿尿这件事会有什么样的反应。你首先要做的是注意你对此的反应。你是不是会喊着“不”并用一种夸张搞笑的姿态冲向他呢?如果你的确如此,那么他希望看到的很可能就是你这种夸张有趣的反应。下次孩子往地板上尿尿时,你不要去理会。过几分钟再去清理他的小便。而当孩子做了一些你非常希望他做的事情时,比如看着你、和你说话,或者是确实去厕所里尿尿了时,给他一个非常夸张搞笑的积极反应。如果孩子希望我们有夸张搞笑的反应,那就在他做到了我们希望他完成的事情时给他们这样的反应。请阅读第6章了解更多有关按钮行为的内容。

我的孩子在厕所里站着或半蹲着排便。

很高兴你的孩子创造了一种有效使用马桶的方法。我想说——这有影响吗?只要他成功学会使用马桶,他是坐着、站着或蹲着又有什么关系呢?我们并不知道每个人在单独的私人隔间里或在自己的家里是如何使用马桶的。不同的文化也有不同排便习惯;在有些国家,正确使用马桶的方式就是蹲在地面上的一个洞上面。恭喜他们已经学会使用马桶了,让他们继续保持。这显然对他们有效。等以后我们的孩子能够和我们进行更深入的交流并了解了更多的事情之后,我们可以请他们坐在马桶上。

我的孩子在大小便之前会把所有的衣服都脱下来。

我遇到过很多喜欢在去厕所前把所有衣服都脱掉的孩子。尽管在家里这是安全无碍的,但在公共厕所或学校里,这却会是一个问题。孩子的这个问题需要逐步解决,比如每次一件一件衣服地来。以我的经验来看,这样做的孩子都有一个共同特点:他们的皮肤都比较敏感,不喜欢不同质地的衣物接触皮肤的感觉。听着很熟悉对吗?如果是这样的话,那么我建议你参考第11章中的刷牙指南,这可以帮他们解决感官上的相关问题。

那么,我说的每次一件一件衣服地来帮助他们是什么意思呢?让孩子习惯坐在马桶上时穿着一些东西,你可以从非常小件的衣物开始。当他们坐在马桶上时,你自己戴一副搞笑的太阳镜,也给他们戴一副;或者你也可以从一顶帽子或一双特别的袜子开始。一旦孩子接受了这个东西,你就可以增加一些其他的衣物,从小件开始慢慢转向诸如裤子之类的大件衣物。

我的孩子之前已经能够使用马桶了,但现在他又完全不会了——为什么会这样?

这种情况在我们的孩子当中并不罕见。我们孩子的身体与众不同,对于他们的经历会有不同的反应。这可能是因为以下几种不同的原因。

这可能是因为他们现在的生活中增加了一些新的压力。检查一下,看看他们生活的外部环境是否有所改变。可能他们刚进入了一所新的学校,或者你们家周围正在施工。如果你发现这可能和环境改变有关,请尽量消除这些干扰。比如,如果你的孩子刚进入一所新的学校,在孩子调整适应的过程中,请对他们多一些耐心,使他们在校外的时间尽量平稳和可预期,这样可以让这种转变过渡得更为平缓。要知道一旦他们调整好,你就可以重新开始如厕训练了。第二次训练不会像第一次那样费时费力。他们并没有丧失这项技能,只是因为外在的其他困扰让他们无法对此集中精力而已。

也可能是因为他们在社会发展方面出现了跳跃式的发展。可能你的孩子正在参与一个治疗项目,他们正在学习语言,而且你孩子开始说得更多,或者交互注意的时间有了明显的延长,由于你的孩子专注于学习这些技能,如厕训练可能就会往后放一放了。一旦他们掌握了这些新的技能,孩子很快就会重新捡起如厕训练的技能。

总的来说,你一定要对孩子有足够的耐心,并相信他们正在尽他们最大的努力做得更好。

如果我的孩子学会了在便盆里尿尿,他们能轻易地转变到在马桶里尿尿吗?

我对此的答案是肯定的。我碰到过一千多位不同的孩子和成年人,他们的诊断各不相同。但我从来没遇到过一个孩子会在便盆里尿尿但不会在马桶里尿尿的情况。我们希望帮助孩子建立的理念是他们的大小便要排进容器里,这样他们才能保持干净和清洁。

要记住,在你与孩子进行如厕训练的过程中,最重要的是要保持愉悦和放松。如果你采用了本章中所提到的方法,你的孩子会学会使用马桶的。一定要保持放松,与孩子一起愉快地尝试。我们不知道这个过程会持续多久,但最终你肯定会成功的。享受这个过程吧!

如厕训练行动检查清单

- 明确厕所、排便和尿尿都是很美好的。
- 记录"便盆日记"。
- 购买所需的物资——便盆、防水布、露营便盆等。
- 挑选一个开始如厕训练的日期。
- 用语言向孩子解释厕所是用来干什么的。
- 向孩子示范如何使用马桶。
- 把去厕所当作家里的一项大事。
- 脱掉尿布。
- 让孩子坐在马桶上,用各种不同的方式请求孩子。
- 通过"便盆日记"了解何时询问孩子是否要去厕所。
- 当他们对便盆、厕所或露营便盆表示出兴趣时,询问他们是否要去厕所。
- 当他们以特有的方式跳便盆舞时,询问他们是否要去厕所。
- 当看到他们已经开始尿尿或排便时,询问他们是否要去厕所。
- 持之以恒。希望而不是要求他们坐在马桶上。
- 将厕所融入到你与孩子的游戏当中。
- 夸奖孩子在使用马桶过程中的每次努力和尝试!

第10章

睡　　眠

睡眠对我和孩子都是极好的

对于孤独症儿童而言,睡觉可能会是一个很大的挑战。研究表明,44%~83%的孤独症儿童存在睡眠问题。(而在普通儿童中,这一比例仅有10%~20%。)

我们的孩子不睡觉时,我们也没法睡!睡眠非常重要,对你和孩子而言都是如此。没有睡眠,我们可能会逐渐失去理性。因为我们不能对现实状况进行检视,可能会出现各种问题,我们甚至可能会犯一些不可能犯的错误。我们可能会变得易激惹、不讲道理,而且易怒。这对于照料孤独症儿童来说是非常不利的,因为他们想要的是可预见性和稳定性。这对于你的婚姻和健康也是非常不利的。难怪剥夺睡眠会被认为是一种折磨人的有效方法,它会让人意识混乱甚至把人逼疯。

有时,你可能会觉得你的生活太过艰难了。和孩子在一起时,你每天都无法安心生活。我不知道经过2周优质的睡眠或是1个月的彻夜安眠之后,这种情况会有何改变呢?这些改变将会让你对孩子和生活的感觉发生非常巨大的转变!你的头痛和全身痛都会缓解。你多年以来昏昏沉沉的大脑也将变得清晰。你可能会重新找回你丢失的那份能量,更加轻松地处理你和孩子每天的日常生活!

1个月的彻夜安眠!听起来是不是超级棒!仿佛天籁之音?对于你们这些严重睡眠剥夺的人,我打赌你宁愿放弃世界杯决赛的门票或中彩票大奖,也会选择美美地睡上一觉的!如果答案是否定的,那表明你对此并非特别渴求。我们的睡眠情况通常取决于我们的孩子睡了多久。基于我们对孩子的想法的理解和推测,我们给自己找了足够的理由不去睡觉,而是选择继续陪着孩子熬夜。以下的这些想法对你来说,是不是很熟悉呢?你的孩子可能直接告诉过你这些事情,或者你根据他们的行为推断,相信这就是他们想要表达的。

你可能会觉得孩子想告诉你的事包括:

- 我没睡,所以你也不能睡。
- 我现在还不困,还不想去睡觉。

- 我害怕一个人睡觉。
- 如果你撇下我,让我一个人睡觉的话,我以后再也不会喜欢你了。
- 我觉得你并不是真的想陪我一起熬夜。

你可能相信你的孩子是这样的:

- 除非前5个小时我和他躺在一起,否则他不会去睡觉的。
- 我的孩子会制造很多噪音把邻居吵醒。
- 我的孩子会制造很多噪音把他的妹妹吵醒。
- 如果我不和他一起睡的话,他会整晚不睡,然后白天睡觉不去参加治疗。
- 如果我撇下他,让他一个人哭着入睡的话,他以后会出现终生的生理恐惧。
- 如果我让孩子早点睡觉的话,那么他会醒得很早。
- 我的孩子胆小,一个人根本无法入睡。

我们可以给自己找出足够多的理由,不去改变孩子的睡眠模式。如果你能够运用本章中所提到的这些方法和策略,你会发现这比你想象的要轻松容易得多。采用了这些方法之后,孩子的父母常常告诉我,如果他们能早点知道这些方法就好了。

Joanna是一个被诊断为广泛性发育障碍的6岁女孩。她可以连续36个小时不睡觉,永远不会觉得疲惫。如果她的妈妈想去睡觉的话,她会把妈妈的被子掀开说,"起来!"如果妈妈不起来的话,她就会不停地拉她的胳膊或是扯她的头发,直到她起床为止。然后她会要求妈妈打开电视再给她拿一些食物。她的妈妈觉得除了按女儿的要求去做之外,她别无选择。

Ian是一个被诊断为阿斯伯格综合征的5岁男孩。每当他的父母想让他一个人到房间睡觉的时候,他都会流着泪、特别凄惨地说:"你们说的爱都去哪了,现在你们对我只剩下讨厌了。"他非常擅长演戏,以此来博取父母的同情。

Alfie是一个患有孤独症和癫痫的14岁男孩。他每天晚上都要熬夜到2点多。他的妈妈非常不放心把他一个人留在房间里,担心他的癫痫会发作,所以每天晚上妈妈都会陪着他一起玩,直到他睡着为止。妈妈还有其他三个孩子需要照顾,每天早上6点就要起床。而Alfie每天却可以睡到10点钟,然后舒服地醒来,和她的妈妈完全不同。

上述三个家庭采用本章中所介绍的方法1周之后,他们的孩子晚上就都能很好地入睡了。

下面列出的一些方法你可能也已经有所了解,它们既简单又有效;这里并没有什么魔法或高深的科学。但是它们却需要你能够承诺自己会认真执行并且不会轻易放弃或急于求成。这就是为什么需要你开始时就要意识到良好睡眠对你和孩子的重要性和迫切性。这将大大改善你的生活并帮助你的孩子!

　　想象一下,每天让你8岁或更小的孩子晚上七点半睡觉,14岁以下的孩子八点半睡觉,更大一些的孩子九点半睡觉。孩子睡着之后,你就可以享受家里美妙而安静的夜晚了。安静。再也没有人吵着向你要东西了。也不需要再去照顾其他人了。这是你自己的时间,你可以去洗个澡,或者去做一些你需要自己完成而不能被别人打扰的事情。想象一下,孩子的规律睡眠能为你带来多大的好处。

　　再想想你的孩子将获得的好处。我们的孩子和其他普通孩子一样,晚上睡不着时也会闹脾气、易激惹、变得更难管理。与其他普通孩子不同的是,他们的重复刻板行为也会增多。缺乏睡眠也可能会使他们的感官变得更加敏感,如更加不能忍受较响的声音或触摸。帮助他们解决晚上的睡眠问题也可以让他们更易于接受学校生活或治疗。当孩子的失眠问题改善后,他们的应激水平会降低,这样孩子就更容易集中注意力,去倾听和处理未知的事情。

　　一项发表在《美国国家科学院学报》(*Proceedings of the National Academy of Science*)的研究表明:当孩子在休息或睡觉时,他们的大脑里会重温白天学到的新技能。另一项发表在《睡眠》(*Sleep*)杂志上的研究发现,我们在睡眠剥夺的状态下会变得更加难以理解他人的面部表情(van der Helm,2010)。我们的孩子本来就难以理解面部表情之类的社交线索,睡眠不足时这个问题会更加严重。

　　当我们规划好我们想要什么样的生活以及孩子想要什么样的生活之后,我们就要着手去创造和实现这些理想。我们越想改变现状,就越有可能会采取必要的措施来实现这一目标,哪怕要面对孩子固执的坚持和抵抗。

睡觉是一项需要学习的技能

　　这是一项我们所有人都要学习的技巧,因此我们也应该给孩子学习的机会。我也是突然才意识到这个问题的。有很多事情显然是需要我们教给孩子的,比如如何骑自行车、如何用刀叉吃饭、如何踢足球等,但是我之前认为让孩子睡觉并不属于这个范畴。在爱萌计划®中,我们已经成功帮助上百个孩子学会了自己睡觉。我们的孩子只是没有学会这项技能,而我们可以轻松地教会他们。我们中的很多人并没有给孩子这个机会。相反,我们可能却是这么做的:

- 把他们搂在怀里哄他们睡觉。
- 让他们坐在车里兜风来哄他们睡觉。
- 让他们在电视前或在客厅沙发里睡觉。
- 躺在他们旁边并用手拍着他们的背。
- 让他们枕着你或躺在你身上。
- 给他们念故事书直到他们睡着。

一旦孩子们醒来发现自己不在车里、沙发上或父母身边时,他们马上就会去寻找能够帮助他们入睡的方法。也就是你！所以自然而然就会来把你叫醒了。如果学会了自己睡觉，那么很可能就翻一下身，然后继续睡觉。为了帮他们学会这项技能，我们要给孩子机会，在他们没有完全入睡之前离开他们的卧室。

告诉孩子晚上是要睡觉的

当我们的孩子晚上醒来吵着要吃东西或喝水时，有些人可能就会下楼给他们拿水或准备食物。这样做就等于是在告诉他们，晚上是吃饭的时间。他们还可能会让我们唱歌，或者想要吹泡泡，于是我们可能又不得不将夜晚变成了游戏的时间。我们的孩子有时在晚上最为活跃，感情也最丰富。这可能是因为晚上家里通常是安静的，家里的其他人也都睡下了，我们的注意力全都在他们身上。我能理解父母们想好好利用这段时间的心理，但这样就是在告诉孩子晚上是玩耍的时间。如果你能让孩子明白晚上只能用来睡觉的话，他们更有可能会去睡觉。与疲惫的状态相比，睡觉充足的孩子在白天会有更多的机会和父母一起玩耍。

练习10.1

你平时教育孩子晚上该干什么呢？花一些时间想一想你和孩子晚上会做些什么。你会和他们说些什么？你会和他们一起玩耍、给他们唱歌、喂他们吃东西、拥抱或亲吻他们、给他们讲故事或和他们一起看电视吗？你会给他们洗澡，躺在他们的床上或是把他们抱进你的被窝里吗？把你做的事情写下来，然后仔细思考你写下的内容，看看你告诉了孩子晚上要做什么事情。

_____

_____

_____

_____

_____

食物会影响孩子的睡眠

睡前进食奶制品、糖类和食品添加剂这三类物质常会导致睡眠紊乱。

奶制品

已经有研究表明对酪蛋白的敏感/不耐受或过敏与半夜惊醒、特别是半夜大笑或者说梦话有关，而所有奶制品中都含有酪蛋白。如果你的孩子半夜醒来时会没有原因地大笑，或是会胡言乱语或自言自语，我建议你可以尝试限制孩子的奶制品摄入至少3个月，然后看看情况是否会有所改善。（具体内容详见第12章。）如果孩子对奶制品比较敏感的话，这也会使他们白天感到昏昏欲睡，导致他们白天睡觉而晚上又睡不着。

糖类

糖类是一种兴奋剂，它可以十倍地增加孩子的能量。我想你在自己的孩子身上也曾看到过这种情况，比如他们吃了糖之后行动的速度会变快。你自己想要获得更多的能量时也可能会吃一些甜的东西。一位老师曾告诉我，在"款待日"的时候（有孩子过生日或是万圣节或其他节日时），他们只有在孩子放学之前20分钟时才会把款待孩子的糖果拿出来。这样他们就不用面对孩子们"过度活跃"的场景和20个"吃了糖"的孩子所带来的混乱。我们都不希望在孩子临睡前给他们吃一些会让他们难以入睡的东西。请阅读第12章了解更多关于糖类及如何减少孩子饮食中糖的含量的具体内容。

我遇到过一个12岁的孤独症女孩，她晚上从来没睡过一个整觉。她的家人也束手无策，这12年里他们都没有好好睡过一次整觉。她非常爱吃糖。她的父母和我一起检查了一遍她每天吃的各种东西，发现她吃的所有东西都含有糖类。她的父母同意试着将糖的摄入量从她的饮食中慢慢减下来。当他们最终成功地从孩子的饮食中将糖类完全撤除之后，孩子生平第一次在晚上睡了整整一晚的好觉。她的父母并没有使用其他的方法，他们只做了这一件事。

睡前吃东西

在孩子睡前给他吃东西会导致以下两种后果：
- **能量爆发**——食物可以给我们提供能量，让我们有足够的体力去跑步、跳跃、走路和跳舞。这不是我们希望孩子在入睡前出现的状态。
- **消化不良**——这会导致入睡困难。你自己可能也曾有过这种经历，后悔自己不该这么晚了还吃这么多东西。

食品添加剂、苏打、咖啡因和巧克力都是兴奋剂，在帮助孩子解决睡眠问题的过程中,最好将它们从孩子的饮食中剔除。睡前进食上述任意一种物质都可能会让孩子难以入睡。

我的教女每天"最后的食物",只会在晚饭后和睡前1个半小时之间的时间段内提供。一旦时间过了之后,睡前就不会再给她吃任何食物了。她的父母在她很小的时候就开始这么做了,他们晚上一直都睡得很好(包括我的教女在接受爱萌计划®培训期间)。

制定一套作息计划并坚持下去

我们的身体会适应每天的作息规律。不管有没有闹钟,我每天早晨都会在6点醒来,因为我的身体早已习惯了在那个时候醒来。我通常会在晚上10点的时候上床睡觉,所以每到那个时间我就会犯困。我的身体知道我的作息规律,因为这么多年来我已经形成了一种习惯。

一项针对学龄前儿童的睡眠研究表明,我们睡得越多就越喜欢睡觉。因此,如果我们给孩子更多的机会去睡觉,他们今后可能就会睡得更多。睡眠可以促进睡眠。

成功改变睡眠习惯的八个秘诀

秘诀1:跟孩子解释这项新的计划

有了这些新的观念和方法后,我们应该和孩子介绍这项新的计划。在你决定改变睡眠习惯的前一天和当天,要详细地跟孩子介绍接下来将要发生的变化。多花一些时间告诉他们,如果他们半夜醒来,你不会再过来躺在他们身旁了,因为你希望帮助他们养成自己入睡的习惯。告诉他们,晚上要到自己的床上睡觉。告诉他们,你一直在家里,你很爱他们,而且你知道他们一定能做到自己入睡,你早上会去看他们并给他们准备好美味的早餐。使用一种有趣的、积极乐观的语调来解释这些。然后再给他们准备一个"睡觉伙伴"。我最好的朋友Bryn Hogan是爱萌计划®的高级教师,他提出了"睡觉伙伴"的想法。你可以买一个大号或中号的泰迪熊或玩偶。把爸爸和妈妈连着穿了几个晚上的T恤拿来给"睡觉伙伴"穿上。这种方法的效果非常好,因为这样孩子的睡觉伙伴闻起来就会和你们一样,就像是有一个小的爸爸和妈妈陪着他一起睡觉一样。

秘诀2:营造睡觉的氛围

比如现在离睡觉只有1个小时的时间了,孩子们也已经吃完了最后的加餐。现在你要开始在家里营造一种平和安静的氛围。尽量让孩子的身体平静下来,帮他们做好睡前的准备。将可能会影响孩子入睡的电脑游戏和电视都关上。播放一些柔和的音乐,脑科技公司特别设计的"睡觉宝宝(Sleepy Baby)"可以用来促进睡眠。调低音乐的音量作为背景音,看看你能不能发现你和孩子会有什么变化。可以和孩子玩一些平和安静的游戏,不要玩挠痒痒、追逐打闹之类的游戏。这些游戏会让孩子变得更加活跃。如果他们想玩这些游戏,和他们解释现在马上要到睡觉的时间了,你们明天可以再一起玩挠痒痒或追逐打闹的游戏。现在你想把他们搂在怀里,给他们念一段书或者猜几个谜语。

如果是在夏天,你可以拉下窗帘,让他们知道马上要到睡觉的时间了;如果是在冬天,可以把顶灯调暗一些,或者关掉顶灯打开一盏小的台灯。

睡前45分钟的时候,可以开始上楼或者向他们睡觉的地方移动。这样你可以有时间在孩子入睡前给他洗个澡。这里的每一个步骤都会提示孩子,让他知道睡觉的时间就要到了,它们甚至可能让孩子的身体开始犯困。

秘诀3:允许孩子哭闹

从长远来看,允许孩子短期的哭闹对他们的睡眠会有帮助。改变睡眠习惯的难点之一就是处理孩子们的哭闹问题。孩子们不能在规定的时间上床睡觉或者不能好好地睡上一整晚的最常见原因就是我们不能忍受他们的哭闹。这点我能理解。有时,我们的孩子能在睡前哭上1个多小时。我们知道只要我们过去,和他们躺在一起或者把他们抱到我们的床上来,他们很可能就会停止哭闹,很快就能睡着了;或者如果我们过去陪着他们,他们就会停止哭闹,这样家里的其他人就不会被吵醒。然而,这只是一种暂时的方法,而且只会让这个问题继续持续很多年。解决的方法是要让他们学会自己睡觉,在他们哭闹时不要去安抚他们。

可能有些人会担心如果你不过去,孩子会觉得我们抛弃了他们,或者不爱他们了。我建议大家用另外一种思路去考虑这个问题。要相信允许孩子哭闹不是一种残酷无情的行为,而实际上是一种关爱和帮助孩子的体现。我们应该以长远的眼光来看待问题。也就是说,你是爱你的孩子的,你的孩子也知道你爱他们,你并没有抛弃他们。很多孩子甚至无法想象没有我们世界会是什么样子,你一直都在,你给孩子创造了一个美好温暖的家。他们很安全,一切都很好。让他们经历一段时间哭着入睡并不会伤害他们,也不会伤害你们之间的关系。实际上它反而会帮助他们并能改善你们的关系。像我之前提到的,让孩子好好睡一整晚觉有助于他们集中注意力,可以让他们和你有更多的联系。这有助于他们学习新的事物,更好地处理他们已经学过的事情。这些益处都能让你和孩子建立起更紧密的关系。现在你可以为他们做的最好的事情就是教他们学会自己睡觉。如果我们给他们这样的机会,他们是可以学会的。让他们哭闹一会儿可以让他们在今后有更多的收获。

还需要记住一点。我曾经帮助过一个妈妈,当孩子晚上哭闹时,如果她没去把孩子抱到自己的床上来的话,她就会非常担心。当我问她为什么会觉得不能让孩子哭闹一会儿时,她说孩子要处理的事情已经够多了,在晚上睡觉时,他理应得到妈妈的关爱。然后她突然大笑起来,我问她为什么笑,她说道,"我在骗谁呢? 半夜醒来时,我通常会非常疲惫,脾气也会很暴躁,我很难做到像刚刚说的那样耐心地去关照孩子。"知道这个情况之后,我们都笑了一下。我们都太累了,半夜的时候状态肯定不会很好。意识到这点之后,半夜的时候她不再去儿子那里了,从而也改变了孩子的睡眠习惯。

简要概括如下:

- 孩子哭闹也没关系,这不会危及他的生命,我们都曾经有过哭着入睡的经历,第二天醒来时就完全没事了。
- 他现在学习的是一项非常重要的生活技能,在今后每天的生活中他都会用到。
- 允许他哭闹、给他机会让他重新入睡,这是在帮他得到充分的休息、使他恢复活力,这有利于他的健康,并且能让他在接受治疗和上学时可以有充沛的精力。
- 孩子的房间很安全,所以我知道他没事的。
- 我们爱孩子,精心喂养他、细心照顾他,这些他都知道,他不会因为这个事情记恨我们。
- 我可以克服困难,我的孩子也可以。

这就是说当孩子半夜醒来哭着喊你的时候,你不要去他们的房间。不要躺在他们的身边陪他们入睡。你可以在他们困了但还没有睡着的时候离开他们的房间,这样他们就可以锻炼独自睡觉了。

秘诀4:把孩子带回他们自己的卧室里

如果孩子半夜醒来进到你的房间,你很可能会想,就让他们睡在你的床上吧。有时他们躺下来之后马上就睡着了。你也很累,这种情况下这么做看起来最方便。我也这样做过! 想想你的长远计划。你希望他们能在自己的床上睡一整晚。这样对他们今后的生活而言才是最好的。如果他们半夜来到你的房间,这说明他们还需要你的帮助才能继续睡觉。你不可能永远陪着他们。立刻带他们回到自己的房间才能帮他们学会这点。当你这么做时,你可以提醒孩子他们现在要回到自己的床上继续睡觉了。每当孩子半夜来到你的房间时,你都要这么做。孩子可能一次就理解并听从了,也可能要经历很多次才能理解。一定要坚持,如果我们坚持的话,孩子就会理解。

Francis是一个3岁的男孩,他一直都跟父母睡在一起。他的父母应用了本章中所介绍的这些方法。他们第一天花了30分钟才把孩子带回他自己的房间里,但第二天只花了6分钟,第三天晚上孩子就没再过来。此后,他一直都可以在自己的房间里安然入睡。这个过程所需要的时间比我们预想的要少得多。换个角度好好想一下,我们只需要付出几个晚上的微小代价,就可以让孩子学会在自己的房间安然入睡。

有时候,孩子会在你刚安顿好他们、离开他们的房间之后就会跟着跑出来,这种情况下,首先要考虑一下当你发现他们从房间里跑出来之后,你会有怎样的反应呢?

- 他们从房间里跑出来之后,你会不会跟他一起玩一会儿? 你会追着他们挠痒痒让他们回到床上去吗? 你会让他们在外边再玩10分钟吗? 你会跟他们聊天或是让他们坐在你的腿上哄他们玩吗?

- 你会不会有一些负面的情绪反应,比如冲他们大喊、跟他们长篇大论地解释为什么他们不能从房间里跑出来,或者是用夸张的方式来表现你的不满和失望。这可能会成为孩子的一种按钮行为(参见第6章),他们跑出来只是为了能看到你的反应。

上述所有反应或其他类似的反应都可能让孩子觉得从房间里跑出来是非常好玩和有趣的。因此,关键是要让孩子对此感到厌倦和无趣,所以你要保持冷静和轻松,只有在白天的时候才展现你有趣和好玩的一面,你可以采取下面的方法:

- **孩子每次出来时都要把他们立即带回他们自己的房间里。**用一种轻松但无趣的方式,也就是说: 不要和他们有过多的谈话,不要在意他们想跟你一起玩耍的意图,不要给他们提供食物和水,也不要让他们看电视。(当然,如果他们生病了的话,你要尽可能地满足他们的需求。)刚开始的时候,你可能要花30多分钟才能把他们带回房间里,但如果你每次都坚持的话,通常只需要三四个晚上,他们就会改变这个习惯。如果你的孩子总是不停地跑出来,你可能需要在他的房门旁边待上一段时间,这样即使他们跑出来也没什么意思。记住,一分努力一分收获。不管你的孩子现在多大了,这个方法都会有效。在刚开始的几天里,要确保家里的其他地方都尽量安静。如果你的孩子很喜欢看电视或玩电脑游戏,在你锻炼孩子在自己的房间睡觉这段时间内,不要让家里的其他人使用电脑或电视,这样的话,即使他们从房间里跑出来也不能看电视或电脑了。

- **在孩子的房门外装一个小栅栏门。**这个方法对年龄较小的孩子特别有效。要确保栅栏门足够高,孩子不能翻越。

- **把孩子卧室的门锁上。**这是让孩子待在卧室里的一项快速简单的方法。这项强制措施有助于让孩子获得充足的睡眠。我们需要给孩子制定一些强制性的行为规范。我们在晚上的时候会把家里的大门锁上,这样孩子就不会独自跑出去而出现意外。有时候,我们同样也需要把孩子卧室的门锁上。如果你的孩子晚上起来时会跑到家里的其他房间玩一些危险的器具,而你因为睡着了又很难察觉的话,那么在这种情况下,锁上孩子卧室的门,保证他们的安全是十分必要的。如果你打算这么做的话,要明确你这样做的目的是为了帮助孩子而不是为了惩罚他们。告诉孩子卧室的门要锁上了,以及为什么要这么做的原因。在孩子的房间里安装一个监控摄像头,你可以看到屋里的情况。确保孩子的卧室是完全安全的(参见"秘诀6")。如果孩子已经可以自己上厕所了,在他们的屋里放一个便盆,需要的时候他们可以使用(详见第9章)。这样做,可以让他们整晚待在自己的房间里学会自己睡觉。

如果你的孩子年龄比较大或者已经成年了,你也可以和他们交流,给他们讲道理,跟他们进行一次有关"待在自己的房间里"的谈判。给他们自主权,让他们来决定他们打算什么时间待在自己的房间里,给他们3个不同的时间让他们来选择。给他们选择的权利会让他们感觉到自己对此有控制权。例如,告诉他们现在他们已经长大了,可以选择什么时候上床睡觉、什么时候该回到自己的房间里了,给他们3个选择: 晚上8:00、8:30或8:45;同时,让他们选择他打算什么时间关灯,比如晚上8:30、8:45或9:00。如果孩子的性格非常善变,要告诉他们一旦他们选定了某个时间,那么接下来的一整个月都要遵守这个时间,到了月末的时候他们可以选择下个月是否继续这个时间还是要作出调整。

上述谈判的方法有助于让孩子感觉到他们自己可以选择上床睡觉的时间,这样他们更易于遵从你们之间达成的约定,而不是反对你的专权。

秘诀5:把他们的房间变成一个充满乐趣的地方

把孩子的房间重新设计一番,让他们觉得这是一个充满乐趣的地方。如果孩子通常都是在你的房间睡觉,那么他可能会对自己的房间感到陌生或者会把那儿当做是一间储藏室而不是一个真正的卧室。

向孩子解释他们现在已经长大了,晚上可以在自己的房间里睡觉了,你会把他的房间变得非常温暖舒适。你可以给他们买一些安抚物或一床印有他们最喜欢的卡通人物、小汽车或足球队的新棉被。你还可以给他们买一盏小夜灯或者放一些新的毛绒玩具在他的床上陪他一起睡觉,或者买几本新的床头书念给他们听。当你在孩子的房间里时,要非常兴奋地向孩子展示这些东西。

秘诀6:让他们的房间更加安全

从安全的角度再重新观察一下孩子的房间。如我们之前提到的,当孩子半夜哭闹时我们不能去他们的房间,因此我们要确保他们是很安全的。保证孩子房间的安全是非常重要的。请考虑以下问题:

- 如果你的孩子喜欢爬高,他们最经常往哪里爬? 然后想办法避免此类情况的发生。把他们可能攀爬的椅子和梳妆台都转移出来。如果孩子的床是可以爬的,那就把床架子拿掉,让孩子们睡在床垫上——就像是榻榻米那样。

- 如果你的孩子喜欢咬东西,确保屋里没有孩子可以咬或咬完会留下尖锐边缘的物体。
- 确保房间里没有孩子可能会放进嘴里导致窒息的小东西。
- 你也可以在孩子的房间里装一台微型监控,这样他们半夜哭闹的时候你不用亲自到他们房间里去就可以看到他们在干什么。这会让你更加放心。

秘诀7:让孩子学会在他的床上独自入睡

我们要在孩子真正睡着之前离开他们的房间。也就是说,如果你之前在孩子睡觉前通常会给他念书直到他们睡着为止,那么现在你还可以继续念书,但在他们睡着之前就要停下。如果你习惯躺在他们身旁,一边唱歌一边拍着他们直到他们睡着为止,现在你还是可以这么做,但在他们睡着之前就要停下并离开他们的房间。如果你没有停下让他们独自入睡,这就相当于剥夺了他们学习这项重要生活技能的机会。

秘诀8:不要有例外

养成良好睡眠习惯的秘诀就在于要有规律的作息时间。有时候你可能会觉得这次就让孩子睡在你的床上吧,这样更省事一些,"就这一次"。通常,这次"例外"会变成一种常态。如果我们想要帮孩子改变睡眠模式,那么我们一定要给孩子足够的时间,让他们的身体适应这种新的作息规律。对于你而言,你可能会觉得只是"一次例外",但这次例外却可能会打乱他们的身体节律,或影响他们今后对睡觉规则的遵从。

但有一种情况可以破例改变睡眠规则——就是当出现紧急情况(如火灾)时。这是显然的! 即使当孩子生病时,你仍然可以坚持睡眠规则,让他们在自己的卧室睡觉。如果你晚上需要去照顾你的孩子,喂他们吃药或者他们睡觉时可能会突然咳嗽个不停,需要你的照顾,这种情况下你可以在他们的房间另外给自己支一张床,这样你既可以在他们生病的时候照顾他们,又可以让他们习惯晚上自己一个人睡觉。很多父母告诉我,他们的孩子生病之后就会抛弃他们的睡眠规则重新回到父母的床上来睡觉了。这种情况其实是完全可以避免的。

如果你希望能够让你的孩子做到自己睡一整晚的话,那么你就要将"就这一次例外"的观念转变为"我要尽我所能来帮孩子学会这项技能"——你可以做到的!

关于作息时间的几点建议

你可以参照下面列出的作息时间表,也可以根据孩子的实际情况来制订自己的时间表。作息时间表的有效性取决于你是否能够严格执行以及能否遵从上面提到的"八个秘诀"。我在下边列出了不同的时间点和不同的睡前活动,你可以直接拿来用或者自行调整使其能更好地适应孩子的状况。哪怕你的孩子现在只有2岁或5岁,也请你阅读一下其他年龄组的睡前活动建议,因为这些建议可能更适合你的孩子。在较小的年龄组,我建议你在孩子睡前给他们洗个热水澡,因为热水可以让孩子的身心得到更好的放松。当然,你也可以在其他时间给孩子洗澡,洗澡并不一定非要安排在睡觉之前。

对于2~5岁的儿童:

17:00　晚餐

18:15　洗澡

18:40　讲两个故事,唱一首歌,把他们的毛绒玩具按固定的方式摆好,陪他们躺下,抱他们5分钟,亲一下他们并跟他们说晚安

19:00　关上灯并离开他们的房间

对于6~8岁的儿童:

17:30　晚餐

18:45　洗澡

19:10　陪孩子一起躺在他们的床上,和孩子一起听一些舒缓柔和的音乐,轻轻地按摩他们的头部或脚

19:30　关上灯并离开他们的房间

对于9~14岁的儿童:

18:00　晚餐

19:00　睡前最后一次吃东西

19:30　洗澡

20:10　给孩子讲3个故事。如果孩子允许的话,你可以拉着孩子的手或者轻轻地抚摸他们的头

20:30　放一些舒缓安静的音乐,关上灯并离开他们的房间

对于14岁以上的青少年:

18:00　晚餐

19:00　睡前最后一次吃东西

20:00　开始准备睡觉

20:30　到他们的房间里,给他们讲几个故事,或者如果他们可以阅读的话,让他们自己读一会书,如果他们还不能阅读的话,让他们自己看一会杂志或连环画,或者让他们在自己的房间里根据自己的喜好安静地玩一会(不能看电视或

DVD）

　　21：00　　到他们的房间跟他们说晚安,然后关上房间里的灯

Joanna的故事

　　Joanna是一个6岁的孤独症女孩,我们在本章前面曾提到过,她可以连续36个小时不睡觉,或者可能一晚只需要睡1个小时。她的妈妈曾尝试过自己去睡觉,但孩子会大叫着把她吵醒,直到她从床上起来、下楼陪她、打开电视并给孩子拿一碗饭吃之后她才会停止吵闹。Joanna并不是要跟妈妈一起玩耍,但她希望在她看电视和玩"魔法字母"的时候,妈妈要坐在沙发上。每当妈妈要起身的时候,Joanna都会大叫着把她拉到沙发上。妈妈一直以为她不得不满足孩子的要求。

　　Joanna的妈妈肯定忍受不了长时间只睡那么一点。我帮她制订了一个较为可行的作息时间表,她严格地遵守并坚持了下来。这个方法非常有效。

　　她采用了下述方法:

- 当孩子晚上哭闹时,不要去管她。
- 在孩子的房间外面装一个栅栏门,让她始终待在自己的房间里。
- 确保孩子的房间非常安全。
- 买一些孩子喜欢的小马驹,在睡觉之前放到她的房间里,让她的房间变得有趣。
- 没有任何例外。每天19:30都要把孩子带回她自己的房间里并让她躺在床上。
- 离开孩子的房间,让她一个人入睡。

　　当第一天晚上19:30把孩子放到床上时,妈妈离开的时候,Joanna仍然十分清醒、毫无睡意。但妈妈仍然离开了,让Joanna明白游戏时间已经结束了,现在是晚上睡觉的时间了。半个小时之后,Joanna开始大哭起来,她一直哭着喊妈妈,哭声大概持续了2个小时。之后Joanna停止了哭闹,然后在自己的房间里玩到了凌晨2点。之后她在房间的角落里睡着了,妈妈过来把她抱回了床上。第二天,Joanna没有哭着喊妈妈,而是自己在房间里玩了起来,半夜的时候在之前的那个角落里睡着了。在接下来2周的时间里,Joanna睡得越来越早,最终大概可以从每晚8点睡到早晨7点。

　　晚上的时间对Joanna而言不再有趣了。她的妈妈、电视和食物晚上都不再出现了。没有了这些,剩下的只能是睡觉了。她睡得越多,她的身体就越适应睡眠的状态,她也就越愿意睡觉。Joanna的妈妈非常后悔早些年没有使用这些方法,她非常惊奇地发现原来这一切是如此的简单。

疑问解答

为什么不建议在孩子的房间里放一台电视让他们看着电视入睡？

现在很多家庭的每个卧室都有一台电视和DVD播放机。你可能会认为让孩子看着电视入睡是一个不错的办法，因为这样可以让你解放出来去做别的事情。但是这个方法的问题是，万一孩子在夜间醒来，他们就需要将电视再次打开才能看着电视重新入睡。而本章我们所讨论的内容的关键是如何让孩子在不借助外界条件的情况下学会自己入睡。此外，有研究表明，看电视和玩电脑游戏会减少儿童或成人的睡眠时间。因此，如果你减少孩子看电视的时间，他们的睡眠时间可能就会增加。

我住在公寓里，我担心如果孩子哭闹起来的话，可能会吵到周围的邻居。

这个问题可能会困扰很多住在公寓里的家庭。关于这个问题，我曾建议很多家庭采取一种较为可行的方法，你可以给那些可能会被打扰到的邻居写一封信或者亲自登门道歉，向他们解释你的孩子患有孤独症，你现在正在教孩子学习晚上自己睡觉，孩子最近一段时间可能会哭闹，如果邻居们能够理解的话你非常感激。你还可以做一些饼干送给他们，或者帮他们做一些别的事情来感谢他们的理解和包容。这种交流也有助于让别人理解你的困境并表达他们的善意。

我敢肯定，有些人看到这个建议时会想，"好吧，我肯定不会这么做的，我不是这种主动的人。"如果你的确会这么想的话，那么请记住，你做这些事情是为了自己的孩子，想一想如果孩子晚上能睡个好觉该多好啊。放手去做吧！有时候我们需要克服自己往常的习惯，大胆地去做一些平时不敢做的事情，这样才能实现我们的目标。当然，有些家长可能会惊喜地发现，孩子其实并不会哭闹很长时间，因此也就不存在上述问题了。或者孩子只哭了一个晚上，而邻居们之前早都已经听习惯了。

我的孩子能在自己的床上入睡，但是半夜却会跑到我的床上来。我并不介意，但是我需要制止他吗？

这是你自己的孩子，如何抚养取决于你自己。如果你想和他睡在一起，这并没有什么不对。但你需要考虑到我们的孩子对日常的惯例非常容易产生依赖。根据我的经验，我从未听说孤独症的孩子有一天会突然奇迹般地想要独自入睡。因此，考虑一下和孩子睡在一起的长期影响吧。如果我们不教他们，他们又怎么能学会呢？

如果我让孩子在晚上7:30的时候就去睡觉的话，那么他第二天凌晨5点之前就会醒来。

一开始可能是这样，但请记住，睡眠时间会逐渐增加的。孩子早上独自待的时间越长,就越有可能会改变他的睡眠习惯,直到最后能够一夜安睡。如果孩子在早上5：00醒来,那么在5：30之前不要出现在他们的床前。1周之后,推迟到5：45,再过1周推迟到6：00,依此类推。通过这种方式,孩子的睡眠时间将会逐渐延长。

像本章之前所提到的那样,教会孩子自己入睡能帮助他们在早上醒来后再次入睡。

经常有父母会把一些玩具留给孩子,让他们醒着的时候玩。如果孩子早醒的话,我不建议父母这样做。不要让他们有任何早起玩耍的理由。这并非是说你不能给孩子留一些毛绒玩具、杂志或书,而是说不要让孩子玩电子产品或其他一些可以使他兴奋的物品。

此外,我建议你给孩子的房间拉上遮光窗帘,这样孩子就不会被早上的阳光晃醒了。同时检查一下有没有可能会吵醒孩子的声音,比如空调的声音或者其他可能在早上5点响起来的东西。

睡眠行动检查清单

- 下定决心实施新的睡眠计划,要为孩子进行长远的考虑! 规律的夜间睡眠对孩子有巨大的好处,有助于他们集中注意力、增强同外界的交流以及学到新的东西。
- 让孩子明白晚上是用来睡觉而不是玩耍的。
- 在孩子完全入睡之前离开他们的房间,为他们学会自己入睡创造条件。
- 制定一个睡眠时间表并严格遵守。
- 向孩子解释新的睡眠计划,并告诉他们如果夜间叫你,你一直都在家里,但是不会到他们的房间里来,你在早上会和他们见面。
- 给孩子准备新的睡伴。
- 检查孩子的饮食,确保他们吃的食物不会妨碍睡眠。
- 提前1小时为睡眠做准备,这段时间只能进行安静柔和的活动。
- 如果孩子离开房间,要立即把他们带回去。
- 如果孩子夜间跑到你的床上来,要立即将他们抱回到他们自己的床上去。
- 如果他们哭闹的话,也不要去他们的房间。你是要帮助他们学会自己入睡。

开始执行新的睡眠计划吧! 时刻牢记长远目标。要让孩子学会晚上在自己的床上安然入睡。

第11章

....

自 理 能 力

本章主要阐述自理能力,如洗澡、穿衣、洗头、刷牙、剪指甲、理发、喷香水等。我将介绍如何让孩子更愿意我们为他们做这些事情,以及如何鼓励他们自己完成这些事情。

当你想到要完成上述事情的时候,你会感到兴奋还是担忧呢? 你想把这些事情迅速完成了事吗? 如果你的确是这样想的话,那么你首先要改变自己的态度。

我们有时候会把这些自理能力看成是一些必须完成的琐事,只有把这些琐事尽快做完之后,"真正的"游戏或是"真正的"学习才能开始。这也就意味着,对于我们的孩子而言,这个过程通常会是一种急促而又不愉快的体验。但是如果你能把和孩子完成这些任务的过程看做是重要而有价值的话,你的做法就会改变,而孩子对此的回应也会随之改变。下面的视角将帮助你理解它的重要性。

- **这是他们迈向自立的一步。** 孩子越能够自己照顾自己、自己穿好衣服、自己刷牙、自己洗澡,他们就会变得越自立,在独立的道路上走得更远。
- **这意味着你会有更多的时间。** 孩子自己能做的事情越多,我们就会有越多的时间去做其他的事,如照料家庭、照顾自己。
- **加强你和孩子之间的联系。** 不论是帮孩子换衣服、刷牙还是洗澡,我们都是在与他们进行互动交流。这种互动很有意义。在这段时间里,我们可以向孩子传达我们的爱和关怀以及与人互动所带来的温暖感觉。在这段时间里,我们可以让孩子明白我们是值得信任的,我们会倾听他们的需求。通过这些互动交流,我们有机会更深入地理解他们的感官困扰。最重要的是,这段时间应该用来享受,不要为了接下来的互动学习而急匆匆地结束。我们每天可以花1个小时或更多的时间和孩子一起去做这些事情——如果你是上班族,那么这可能是你一天当中唯一可以和孩子单独相处的时间,帮他们穿衣、洗澡、哄他们入睡,利用这些时间为你们的关系打好基础吧。
- **帮助孩子提高社交能力。** 自理能力和孩子能够学会的其他能力一样,都有助于他们社交的发展。如果孩子允许我们替他们理发,那么头发就不会遮住他们的视线,他们就能更清楚地看到这个世界并和周围的人有更多的目光交流。如果孩子的指甲剪得很整齐,那么在他们外出玩耍的时候就不会意外抓伤小伙伴。如果孩子能够学着喜欢保持干净整洁的仪表,他们就会对自己的形象更加自信,精神面貌也会焕然一新。这些对社交的发展都会有很大的帮助。

- **对你和孩子而言是一项有趣的活动。**我建议你不要将培养自理能力看成是一项任务或者琐事。当我们在处理一些无所谓的琐事的时候,通常会希望把它们尽快做完。通常情况下,任务和琐事是指处理一些与物品有关的事务,比如熨衣服、拖地、修剪草坪,而不是指处理与人有关的事务。因此,或许我们可以改变观念,将培养孩子的自理能力看成一场游戏。可能你会想——一场游戏?学习自理能力怎么会是一场游戏呢?但是游戏不就是与其他人一起做一件事情吗?它们之间有什么区别呢?游戏的种类千差万别,它们的共同特点就是人们喜欢参与其中并能从中获得乐趣。

成功的秘诀

将活动变得有趣! 充满热情!

趣味性是帮助孩子培养自理能力所必需的,它是能让孩子面带微笑地奔向浴室的秘密武器。如果连我们自己都不喜欢这些活动的话,他们又怎么会喜欢呢?

要相信这些活动本身对孩子就很重要,这意味着我们愿意花更多的时间和精力来关注它们。接下来我们要相信它们是可以变得充满乐趣的! 为了激励孩子积极参与,我们必须要让这些活动变得有趣而又对孩子充满吸引力。当我们内心真的相信这些活动充满乐趣的时候,我们才会更加成功。要达到这一目的,我们要相信“充满乐趣”的关键在于我们的态度,而非活动本身。

人们喜欢不同的事情,比如打台球、游泳、滑雪、烹饪、阅读、看电影、跳舞、滑冰、橄榄球、跑步、健身、织毛衣等等。不同的人喜欢不同的活动。如果活动本身充满乐趣的话,很多人都会喜欢参与其中。足球可能是最受全世界人民普遍欢迎的运动之一,但是即使这样,也仍然有人不喜欢足球。人们的态度才是决定这项游戏对他们而言是否有趣的关键。一项游戏的乐趣可能在于全家人一起参与其中以及由此带来的温暖,也可能是游戏过程中因表现出色而收获喝彩时的满足感。游戏所附带的东西可能比游戏本身更有意义。简单来说,我们能够决定在任何时刻、面对任何一项活动时收获多少快乐。

将你自己觉得无聊的事情变得有趣

练习11.1

找一项你自己觉得很无聊的自理能力,然后做下面这五件事情:

- **专注"当下"。**当我们打理自身事务的时候,我们通常并未专注其中。我敢肯定当你刷牙的时候,你一定在想今天过得怎么样,而没有去体会刷牙是一种什么样的感觉。下次当你刷牙或者穿衣服时,仔细去体会这些"当下"的活动。

- **享受每一件事情。**既然现在你要开始打理这些日常事务了,那么试着去从这些你之前认为"无聊的"事情当中找到其中的乐趣。比如,当你在刷牙时,可以是牙膏的薄荷味,或者是牙刷划过牙齿时的感觉。当你穿衣服时,可以是衣服和皮肤接触时的感受,抑或是将纽扣扣进扣眼时的美好感觉。

- **提醒自己。**下次当你准备做这些日常事务时,提醒自己留意那些自己喜欢的感觉,并用心去体会。当你走进洗漱室或是准备开始这些事务时,要积极地去营造这种愉悦的氛围。

- **放慢脚步。**在你打理这些日常事务的过程中,当进入到最喜欢的部分时,要放慢脚步,细细体会,如同享受自己最爱吃的美食一样。

- **庆祝。**一旦完成,要庆祝自己完成了这项伟大的任务。对着镜子大声地赞美自己,要为自己刚才所做的事情感到骄傲。

- **分享乐趣。**和家人一起分享你的快乐。和家人分享乐趣会让你感觉更加快乐。

你越积极地去寻找快乐,就越容易体会到快乐。快乐能让你更愿意去体验,并且当你分享快乐时,你也肯定了自己对快乐的体验。这就像种植一样:当你给快乐的种子浇水时,快乐就会破土而出、茁壮成长。你的快乐很重要,因为你越享受这项活动,当你和孩子一起完成这项活动时,就越会以一种开心和积极的态度与孩子一起分享这份快乐。

将你的孩子觉得无聊的事情变得有趣

激发孩子的主动性。将孩子的兴趣点与你希望孩子掌握的自理能力结合在一起,让孩子对这个过程充满乐趣。孩子对某项活动越喜欢,就越容易学会。所以,让我们把孩子真正喜欢的东西和这些自理能力结合在一起。记住,这不是说在孩子学会某项自理能力之后,把孩子喜欢的东西给他作为奖励,而是说要将孩子喜欢的东西作为实现自理能力的关键环节。如果你尚不清楚孩子真正喜欢的东西是什么,请完成练习4.1(见第4章),它能帮助你了解孩子的喜好。

例如:
- 如果孩子喜欢听你用有趣的音调讲话,那么在你帮他刷牙或者他自己刷牙时,要发出这些有趣的音调。
- 如果他们喜欢电影《汽车总动员》,那么买一把印有小汽车图案的牙刷。
- 如果孩子喜欢数字,那么在你帮他刷牙或者他自己刷牙时大声地数数或给他们把数字写下来。
- 如果孩子喜欢谈论天气,那么假装你正在雷雨或者暴风雪中刷牙。

在美国孤独症治疗中心,当我们的工作人员教会了孩子自己刷牙,或者让孩子在剪指甲期间乖乖坐着的时候,家长们通常都会认为这是一个奇迹! 而我们所做的只是让这项活动变得有趣、有趣、更有趣而已!

接下来,在本章讲述每项自理能力的时候将会提到更多有趣的想法。

对孩子的感官体验保持足够的敏感

与孩子身体接触的任何事物都可能让他们觉得过于刺激。由于这种体验太过独特,让我们很难想象。这也是为什么我们要给孩子足够的自主权,并且要仔细观察他们对事物的反应。

即使孩子对周围的环境没有表现出过度敏感,在培养他们自理能力的过程中,也要考虑以下这些常见的情况:
- 牙膏味道过重。
- 洗发水不小心进到了眼睛里。
- 牙刷太硬,有可能损伤牙龈。
- 香皂、除臭剂或者空气清新剂的味道过浓。
- 脸上被人抹来抹去。
- 肥皂让皮肤变得干燥。
- 水过冷或过热。
- 浴巾或毛巾过于粗糙。
- 吹风机或电动剃须刀的声音。
- 剪指甲的声音。
- 梳子坚硬的尖齿。

孩子之前对上述某种情况的不愉快的体验可能会让他们再也不想去接近这些东西了。有时他们甚至可能会拒绝去盥洗室,这可能只是因为某一次肥皂泡进到了他们的眼睛里、水太烫了、或者是他们感觉毛巾太粗糙了,接触皮肤很不舒服。无论是哪种情况,这都足以让他们再也不想经历第二次了。那么该如何避免这些情况的发生呢?

- 使用无气味、不易过敏的产品。
- 确保毛巾是干燥而柔软的,而非潮湿或粗糙的。
- 购买的电动剃须刀的声音要尽可能小。
- 购买的牙膏味道要适中,不要太甜或刺激性太强。
- 在孩子进入浴盆之前,自己先试一下水温,洒一些在孩子的手上或脚上,然后观察他们的反应或询问他们的感受。
- 进入浴室,自己感受一下周围的环境:
  - 浴室里是否有特殊的气味,比如霉味或者是来自厕所清洁剂、空气清新剂或其他化妆品的过浓的香味? 找到罪魁祸首并将其清理掉,替换为其他无气味的产品。
  - 浴室里是否有让孩子感到不适的声音? 比如声音很大的电扇或者热水器? 当有东西掉进浴缸时是否会发出很大的回声? 想办法尽可能地减小这些声音。
  - 浴室的光线怎么样? 荧光灯可能会对孩子造成特殊的困扰。考虑将其换成白炽灯,它不像荧光灯那样会闪光或者发出声音。

练习11.2

在你开始培养孩子学习自理能力之前,花一些时间仔细观察一下,看孩子对正在用的洗漱用品有何反应。注意他们是否偏爱其中某些洗漱用品。同时也要注意他们可能不喜欢哪些洗漱用品。

如果你的孩子能够说话,请询问一下他们自己的感受。你可以询问下面这些问题:

- 你为什么喜欢这种牙膏?
- 你为什么不喜欢这种牙膏?
- 你为什么不愿意洗澡?
- 淋浴的感觉怎么样?
- 你喜欢这种洗发水的香味吗?
- 你在浴室里听到了什么声音?
- 你为什么只穿"X"号的衣服?

知道了这些,你更能体会到孩子的切身感受。

避免冲突:给孩子更多的自主权

如果我们的孩子变得喜欢参与到这些自理活动中的话,那么他们一定是感觉到他们掌控了整个局面。他们必须要用自己的方式去主导和完成这些活动，而不是毫无预兆地以强迫的方式。

如果你曾经强按着孩子去刷牙、强迫他们洗头或者理发的话，那么他们很可能会把这些事情与强迫、挣扎以及剥夺自主权的感觉联系在一起。当孩子看到牙刷或者指甲刀就开始哭泣或者跑开躲避的时候，你可能会认为他们是害怕这些东西，而并没有意识到他们真正想要躲开的是那种被强迫的感觉，而不是这项活动本身（见第1章）。

你可能已经习惯了把孩子按住，因为这样更容易把事情完成，然后你就可以去忙其他事了。如果你希望孩子能够自己刷牙、愿意让你为她梳头发，那么我建议你不要再把他们按住或者强迫他们尽快完成这些事情了。我们的理念是要激励孩子，让他们愿意自己刷牙、喜欢理发和自己穿衣服。这可能需要下面的策略。

让权指南

我们在第1章已经详细阐释过具体该如何操做了。如果你还没有读过第1章中所讲的"让权"，我强烈建议你在具体实践前去读一读相关内容，因为它能让你对这些步骤有更深的理解。你也可以在YouTube上观看有关"让权指南"的视频内容。

- 每次你和孩子进行自理能力相关的活动时都要运用这些步骤。这将确保你给孩子一种他们能够自主掌控的感觉，因此孩子会更易于接受并开始这些活动。
- 根据下面的步骤运用"让权指南"：

1. 保证孩子能看到你。
2. 告诉他们你正在做什么。
3. 征得他们的允许。
4. 如果他们暗示或者直接说"不"，请你停下来。

下面是如何在刷牙中运用"让权指南"的例子。

1. 拿着牙刷，站到孩子面前，让他们能看到你准备要做什么。
2. 用语言向他们解释你接下来要做什么。你可以这样说，"接下来我要帮你刷牙了，刷牙能让牙齿变得干净漂亮，让它们保持健康和坚固。张开嘴，咱们来刷刷这些可爱的牙齿吧。"
3. 慢慢地将牙刷放到他们的嘴边。这样做的时候，寻求他们的同意以继续。如果孩子张开了嘴、说"好"或者没有不愿意刷牙的表现，那就继续，轻柔地帮他们刷牙。
4. 如果他们说"不"或者通过走开或把牙刷推开的动作表现出不情愿的话，请你停下来。要让孩子感受到我们会倾听他们所说的"不"，这一点非常重要。

"让权指南"非常有效！给孩子自主权,尊重他们所说的"不",会让他们变得更加随和也更易于接受以前抵触的活动。我帮助过的每个孩子都是如此,从无例外。不过,这并不意味着他们很快就会突然接受一件事情。一旦我们开始以这种方式给孩子自主权之后,他们可能会想考验一下我们,看我们是不是真的愿意这么去做,即使他们连续几个星期都不同意,我们是否也会随时停下来,不去强迫他们呢？请保持这种让权的状态。一旦孩子内心真的相信你以后再也不会强迫他了,他们将会开始去尝试。因为他们相信如果他们说"不"的话,你就会停下来。

让活动变得熟悉而有趣

这一点适用于所有的活动,比如梳头发、洗澡、剪指甲、刷牙、理发、喷香水和穿衣服等。按照下面的方法:

让孩子自由地探索这些物品,而不要强迫他们去使用。例如,将一些牙刷放在周围,让孩子可以轻易接触到。当你和孩子在一起玩挠痒痒或其他游戏的时候,你可以拿起一把牙刷挠他们的痒。如果孩子和一个玩具正玩得高兴,你可以假装要帮玩具刷牙。通过这种方式,孩子会将这个物品和有趣的事情联系在一起,这样他们就不会逃避,而可能会对此表现出兴趣。关于如何实现,请逐项参阅下面的内容。

刷牙

你关心孩子的牙齿吗？

让孩子自行决定你是否可以帮他刷牙,这点你可能会认为有点荒唐。你可能会觉得,如果在这方面听任孩子做主的话,他们可能就再也不会刷牙了,这样的话他们以后就会得龋齿,而龋齿对他们而言又会是一个头疼的问题。如果你希望孩子不用强迫就能自己主动去刷牙的话,那么给他们自主权是唯一的方法。在这个方面没有其他方法可选。孩子们只有感受到他们可以掌控一切,才会敞开心扉试着去刷牙。当他们明白自己的"是"或"不"的意愿都能得到尊重之后,他们才会有勇气去探索那些曾经给他们带来痛苦的体验。

这需要你的释怀！放下让他们现在就刷牙的想法,为着让他们以后能够喜欢牙刷、喜欢自己去刷牙的目标而坚持。让权是一项技巧,它能帮助孩子清除障碍,让他们愿意敞开心扉去体验新的事物。一旦他们敞开了心扉,孩子将有极大的可能不仅同意让你帮他刷牙,甚至也能自己刷牙了。

从长远来看,坚持让孩子掌握自主权,并让他们从中体会到快乐和喜悦必然会胜过给他们以压力和强迫他们。

　　如果你对此还是不太确信,能否试着在2周的时间里让孩子自主决定是否刷牙? 也就是说,在这2周内,只要孩子对你为他们刷牙说出或者只是暗示"不"的时候,你就要停下来。你要停止"强迫"孩子去刷牙。在这2周内,你要专注于让刷牙变成一项对孩子有趣而有吸引力的活动。你要丢弃"强迫"的想法,尝试着帮助孩子"和牙刷成为朋友"。运用下边列出的这些理念和想法。2周结束之后,如果你仍然不相信这种方法有效的话,你可以回到你原先的方法。这样的话,你不会损失什么,相反可能会有很多收获。看完刷牙这部分的内容之后,你可以自己决定。

　　在这2周的时间里,除了刷牙之外,你还有很多方法帮助孩子清洁牙齿。确保他们喝足够多的水,以帮助维持口腔清洁。让他们啃苹果可以帮助他们去掉牙齿上的牙垢。给孩子吃健康的食物,不要提供苏打水或糖这些会腐蚀牙齿的食物。

动作要轻柔

　　对那些帮助孩子刷牙的家长而言,要意识到刷牙可能会是一种非常痛苦的体验。如果你的动作很粗暴,或者牙刷不小心打滑刷到了牙龈上,会感觉非常疼。也许你的孩子逃避的正是这种疼痛。如果你把孩子按住、强行将牙刷放进孩子的嘴里,就很有可能出现上述情况。

向孩子展示刷牙的趣味

　　向孩子展示刷牙的过程和其中的乐趣,这一点非常重要! 让家里所有人都以一种有趣的方式来刷牙。在你希望孩子去刷牙之前,让家里所有人宣布他们马上都要去刷牙了。接下来你们所有人同时到洗漱间,伴着孩子最喜欢听的歌开始一起刷牙。拿出孩子的牙刷,挤好牙膏,并将其放到容易够到的地方,以便他想刷牙的时候也能随时开始。你不需要强迫孩子来观看这个过程。如果你想让这个过程更为明显的话,请确保家里的电视和电脑都已关上,这样你的孩子就会明白马上要开始刷牙了。在2周之内每天至少这样做一次。当然了,你不必每次都用完全相同的方式。你可以创造自己的方式。

和牙刷做朋友的方法

　　下面列举的方法是为了在孩子不用真正刷牙的情况下,帮助他们适应牙刷和牙膏的感觉,同时让他们熟悉你刷牙时的过程。如此一来,他们在参与这个活动时,就不用特意去防备刷牙了。我们的首要目标只是让孩子先喜欢上牙刷。在最开始的时候,一定不要强迫或尝试去给孩子刷牙。我们只是在玩耍和探索。如果他们觉察到你要给他们刷牙了,他们很可能就会离开。当他们放松下来,和牙刷玩得很开心的时候,我们可以询问他们是否要自己去刷牙或者由我们来帮他们刷牙。我们希望孩子不要感受到我们对于他们刷牙这件事的"强迫"或"压力"。

下面的这个游戏对你也许会有一定的启示。以这个游戏为起点,你可以根据孩子的兴趣设计出很多有趣的游戏。每个游戏都是从你用牙刷做一些事情开始,逐步发展到孩子自己也愿意去使用这些牙刷。在每个游戏中,第一部分仅是你用牙刷做一些有趣的事情,第二部分是鼓励孩子和牙刷进行接触。

拼写游戏

第一部分:你用牙刷拼写出不同的单词。

第二部分:让孩子用牙刷拼写出一个字母或单词。

话筒游戏

第一部分:你拿一把牙刷放在嘴下,把它当做是一个话筒。当孩子跟你一起唱歌时,你也可以再拿一把牙刷放在他的嘴下当作他的话筒。

第二部分:在你唱他们喜欢听的歌曲的时候,让孩子拿一把牙刷放在他或者你的嘴下当作话筒。

击鼓游戏

第一部分:你用牙刷敲打出不同的节奏,拿两把牙刷,在不同的物体表面敲出有趣的节奏。

第二部分:让孩子拿着牙刷也进行类似的敲打。

寻宝游戏

第一部分:你先设计一个寻宝游戏,每条线索都和牙刷绑在一起,藏在房间里。

第二部分:让孩子为你设计一个与牙刷有关的寻宝游戏。

讲故事游戏

第一部分:写一个有关失踪的牙刷的故事,在这个故事里,解决这个谜团的侦探是孩子最喜欢的人物。

第二部分:让孩子将故事表演出来,让孩子找到失踪的牙刷,并拿过来给你。

笑话游戏

第一部分:你拿着两把牙刷,假装他们是两个人,互相讲着无厘头的笑话。

第二部分:让你的孩子操控其中的一把牙刷。

礼物游戏

第一部分:你用贴图装饰牙刷,然后把它送给奶奶作为礼物。

第二部分:让孩子装饰一把牙刷,然后把它作为礼物送出去。

角色游戏

第一部分：你创造不同的角色，并让他们谈论自己最喜欢的牙刷。比如巴斯里特叶最喜欢的那把牙刷上面画着月亮和星星，而探险家多拉最喜欢的牙刷上面则画着一个背包。你可以把每个角色的牙刷画出来。

第二部分：让孩子在真实的牙刷上画出这些角色最喜欢的图案。

自我设计类游戏

第一部分：你给自己设计一把牙刷。

第二部分：让孩子给他自己设计一把牙刷。

毛绒玩具游戏

第一部分：将孩子的毛绒玩具排成一排，然后你依次为他们刷牙并哄他们入睡。

第二部分：让孩子为其中一个毛绒玩具刷牙。

唱歌游戏

第一部分：你编写一首伴有肢体动作的歌，并将其中一个动作设定为刷牙。当你唱到那个部分的时候，把牙膏挤到牙刷上并真正开始刷牙。

第二部分：让孩子也跟着这首歌做这些动作。

赛跑游戏

第一部分：找一些上紧了发条的"喀喀牙齿"。把它放在小桌上然后上紧发条，在它掉下桌子之前给它刷好牙。

第二部分：邀请孩子做同样的事情。

坚持

在你向孩子展示刷牙的乐趣并且希望他们能够喜欢上这个过程的同时，每天早晚也要询问他们是否愿意自己刷牙，或者想让别人帮他们刷牙。当你询问的时候：

- **要表现得很兴奋！** 这可能是孩子第一次毫不犹豫地愿意让你为他们刷牙，或者是他们第一次自己拿着牙刷并把它放到嘴里。
- **如果他们说或者暗示"不"，要把自主权交给他们。** 用显而易见的方式告诉他们，你把自主权交给了他们。你可以说，"谢谢你告诉我你不想刷牙。"然后以面带夸张的"开心的"表情将牙刷收走。通过这种方式让他们知道，你很乐意让他们自己来做决定。这种做法会向孩子传递出清晰的信息，我们会倾听他们的心声，并给他们足够的自主权。记住，给孩子越多的自主权，他们就越易于管理。

穿衣服

给予充分的时间

成功地在早晨帮孩子穿好衣服意味着要花费比平时更多的时间。也就是说，你不要有匆忙和紧迫感，这样也会减轻孩子的压力。

早晨至少预留1个小时的时间为孩子上学做准备。这段时间包括穿衣服、刷牙和早餐。放轻松并相信时间足够，这有助于你更从容地完成这些事情并给予孩子足够的自主权。

在前一晚做好充分的准备，这样的话第二天你就会有更多的时间来帮助孩子穿衣服。在前一晚将孩子的书包和午餐打包好，把早餐桌布置好，能够在第二天为你节省很多时间。这样在第二天你就能有更多的时间来关注孩子并和孩子进行交流。

先帮他们穿好衣服

这虽然是一个很小的改变，但是却会有惊人的效果。我之前曾为一对父母提供过咨询，他们有一个6岁的儿子叫Ali。他们希望解决的第一个问题是如何帮孩子按时穿好衣服，以便赶上校车。因为不能及时帮他穿好衣服，他们多次错过校车，或者是把孩子送去学校的时候他还穿着睡衣。他们想知道如何在给孩子自主权的同时成功地完成这件事情。

每次他们让孩子穿上一件衣服的时候，孩子都会说，"好的，我会穿上这件衣服，但是你必须先唱一首歌给我听。"而当他们唱完歌之后，孩子又会想出其他事情让他们去做，比如让父母扮成一架飞机带着他在屋里飞一圈等等。诸如此类的事情会不断持续下去。他们觉得自己被孩子掌控了，想知道该怎样去改变这种情况。

我询问了他们有关孩子早晨的时间安排。他们会把孩子叫醒，然后在孩子玩玩具的时候去给他准备早餐。然后孩子会过来吃早饭，吃完后又会继续去玩玩具，然后他们会过去帮孩子穿衣服。我问他们：孩子早上是否很饿，喜欢吃饭和玩玩具？他们说，是的。我们商定的解决方法仅仅是改变孩子早晨做各种事情的顺序。我建议他们在孩子吃早饭或者玩玩具之前要先帮他穿好衣服。我同时建议他们在开始这么做的前一天晚上告诉孩子这个变化。

在这个新的安排实行的第一天早上，他们完全按照提前告诉孩子的那样去做。每当孩子想要吃早饭时，他们就会说，"好啊，你穿好衣服之后马上就能去吃早饭了。"当孩子想玩玩具的时候，他们会说，"可以啊，你穿好衣服之后马上就能去玩玩具了。"他们已经提前把玩具收拾起来了，这样孩子自己根本不能拿到玩具。

第二次和他们交流的时候，我问他们这个方案的进展如何。他们说简直不可思议，孩子很快就服从了这种安排，只花了一天的时间去适应。现在每天帮他穿衣服都很容易，而且他也学会了自己穿衣服，不用他们再去帮他穿衣服了。就是这样一个简单的改变，让他们曾经充满压力的早晨变得简单而从容。

制定一条规矩，让你的孩子早晨起来之后必须先穿好衣服、洗漱完毕，然后才能去做其他的事情。这就是说，你的孩子必须要在吃早餐、看电视、玩电脑之前穿好衣服。这将会促进孩子完成穿衣的过程，特别是当他们渴望去做某项只有穿好衣服之后才能做的事情的时候。通过这种方法，甚至能为孩子在穿好衣服、洗漱完毕以及吃完饭后留下一些玩耍的时间，因此可以让整个早晨变得更简单而从容。

为了让这一切顺利实行，请确保先将电视和电脑的电源切断，让孩子在穿好衣服或者吃完早餐之前无法看电视和玩电脑。如果孩子已经拿着衣服离开了房间，告诉他们当穿好衣服之后马上就能吃早饭和看电视了。温柔而坚决地坚持你的底线（详见第2章），他们很快就会适应早晨的这项新的安排。

在前一天晚上提前选好第二天要穿的衣服

另一个有用的办法是在前一晚提前为孩子们选好第二天要穿的衣服。把这些衣服拿给孩子看，让他们提前知道第二天将穿什么。如果孩子爱说话的话，那么你可以让他们也参与到这个决定中来。给他们这种选择权会让他们更有动力，第二天更愿意穿这些衣服。

让它成为现实

让孩子自己动手

如果孩子愿意让你替他们穿衣服，而你想鼓励他们自己穿衣时，你可以让他们自己动手。从简单的步骤开始，然后逐渐增加难度，比如拉好拉链或者扣好扣子。

当你教孩子自己穿衣服的时候，要确保他们从那些容易穿的衣服开始，比如运动裤和没有扣子的T恤。从简单的步骤开始，比如：

- 帮助孩子把腿伸到内裤里面，然后让他们自己把内裤提起来。如果他们只提上来一点点，你要表扬他们并帮助他们完成剩下的部分。下一次，让他们比上次多做一点点，不断激励他们直到最后他们自己能够完全将内裤提上来。对于裤子，也要用同样的方法。
- 撑开裤腿，让孩子把腿伸进去。对于衬衫和毛衣也一样，向他们演示应该把手伸到哪里。如果早晨起得比较早的话,你将有充足的时间,你会有时间教孩子掌握更多的穿衣技巧。而当他们学会了这些技能之后,你在早晨就会有更多的时间了!

- 当他们掌握了上述步骤之后,给他们一条裤子或者一件衬衫,让他们自己穿上。如果他们中途遇到了困难,你可以自己穿上一件衣服或者裤子给他们看,这样他们就可以照着你的样子去做。

把事情变得有趣好玩

当你要求孩子穿衣服的时候,要让整个事情变得好玩有趣一些。比如,让孩子把腿伸到裤腿里时:

- 你可以唱出来,而不是仅仅说出来。
- 你可以发挥想象,假装裤腿的洞是一个小水坑,让他们踏进这个"裤筒水坑"里。当他们把脚放进去的时候,你可以说,"水溅出来啦!"
- 你可以假装裤子正在发出请求。你可以把裤子最上面的开口假装是它的嘴,并让它们以一种搞笑的声音说,"我希望有人能穿上我。有人愿意把脚伸进来吗?咦,我看到这里有一个可爱的小朋友,你愿意穿上我吗?"

当你把裤子拿过去给孩子的时候,你可以在空中挥舞着裤子,让它们跳起裤子舞。当你给孩子的衣服扣好扣子或者拉上拉链的时候,尝试发出一些有趣的声音。当你给孩子扣上扣子时,你可以发出"咔嚓"的声音。当你给孩子拉拉链的时候,你可以发出"嗡嗡"的声音。当他们把手臂伸到毛衣里的时候,你可以发出"嗖嗖"的声音。这些声音不仅能让孩子觉得搞笑和有趣,也能在穿衣服的过程当中给你和孩子带来快乐和喜悦。

向孩子演示穿衣服的过程

让孩子观察你穿衣服的过程。在你穿衣服的同时,向他们展示穿衣服的过程是多么的有趣。你可以大声地说,"喔,穿上毛衣的感觉真是又舒服又暖和!"或者你也可以解释你是如何把毛衣穿上的,比如说"好的,首先我要找到放胳膊的洞……嗯,很好,我把第一个胳膊放进去啦。现在让我们来找第二个放胳膊的洞……"通过这种方式,你通过语言让他们学习了一遍穿衣服的过程。早晨的时候,你可以把衣服拿到孩子的房间,然后和他一起穿衣服。

表扬!表扬!表扬!

表扬孩子做的任何与穿衣服有关的事情。

- 当他们看着自己的衣服时,表扬他们。
- 当他们触摸自己的衣服时,表扬他们。
- 当他们有任何尝试穿衣服的动作时,表扬他们。
- 当他们让你帮他们穿衣服时,表扬他们。

关于穿衣的疑问解答

我的孩子在学校的时候会穿着衣服,但是在家里却从不愿穿衣服。

这通常提示你的孩子可能对衣服摩擦皮肤的感觉特别敏感。也就是说,某些质地的衣服可能让孩子感到非常不舒服。在外的时候,他们知道自己必须要穿着这些衣服,这时他们可能会忍受穿着这些衣服所带来的那种感觉。但是一旦回到家中,他们就会尽快把这些衣服脱掉。

下面的建议将帮你找到孩子不愿意穿衣服的真正原因。

- 考虑运用 "Wilbarger深压与本体感受技术"。该技术由职业治疗师及临床心理学家Patricia Wilbarger发明,它是一项专门用于减轻感觉防御的专业治疗方法。它包括持续整天的深压触摸。我见到它对很多孩子都有用,你也可以用在你的孩子身上。关于这项技术,如果希望了解更多信息,请访问www.ot-innovations.com/content/view/55/46。

- 观察孩子对不同材料的反应——他们对某种材料有特别偏爱吗？如果有,找到用这种材料做的衣服。购买那些仅用一种材料做成的、质感柔软的衣服,不要买那种带有棱纹的或是表面凹凸不平的衣服,同时也要避免衣服上带有纽扣、拉链、闪光装饰片、人造钻石或镶嵌的塑料图案。取下所有的标签。衣服质地的任何变化都可能会让孩子觉得不舒服。100%纯棉的衣服通常是最好的选择。

- 用无味的、低过敏性的洗衣液来洗孩子的衣服。有些洗衣液会在衣服上留下很浓的香味,对于那些对气味敏感的孩子而言,他们可能会觉得这种味道难以忍受。

下面的建议将有助于你激励你的孩子想穿衣服:

- 有时候当孩子把衣服脱下来之后,我们会马上把空调的温度调高。我建议你做相反的事情,打开窗户并将空调的温度调低,给孩子一个穿上衣服的理由。跟他们解释说穿上衣服能够感到温暖。你可以做示范,说"我觉得有点冷",然后穿上外套。

- 每次当他们穿上衣服的时候都要夸奖他们,让他们知道穿好衣服后,他们是多么的潇洒和英俊。

- 如果他们没穿衣服,并且想跟你要一些东西,不论是他们自己无法够到的零食、玩具,还是他们想要玩追逐游戏或是想骑在你的背上,这时候你都要要求他们先穿好衣服。在想要一些东西的时候,孩子更倾向去做那些对他们而言比较有困难的事情。下面是一个没穿衣服的孩子想要得到零食的例子,大概展示了该如何让孩子穿上衣服:

- 先说"好的,我很乐意去帮你拿零食。"

- 然后走向厨房。

- 在拿到零食之前停下来,说类似下面的话"噢,你还没穿衣服呢,咱们吃零食前先把衣服穿上吧。零食黏乎乎的,会把你身上弄脏的(或者食物很烫会烫伤你的)。因此我们要穿上衣服,保护我们的皮肤。"

- 这里的关键是要想出一个让孩子觉得穿衣服很重要的理由。通过这种方式,我们是在告诉他们,我们要求他们穿上衣服是在帮助他们。

- 坚持要求他们穿上衣服,把衣服拿到他们面前并帮他们穿好。当你要求他们的时候,也要同时告诉他们,一旦他们穿好衣服,你马上就会去给他们拿零食。

- 你不必把所有的衣服都帮他们穿好,开始的时候你可以只帮他们穿上T恤或裤子,以此为起点逐步增加。

- 当孩子穿上衣服后,你一定要马上为他们拿来饼干或孩子想要的其他东西,这一点是非常重要的。

- 如果他们拿到零食之后立刻把衣服脱掉也没关系,重点是让他们尽量多地去体验穿衣服的感觉。他们穿的次数越多,对于衣服在皮肤上的感觉就会越习惯。

当孩子没有穿衣服的时候,你也要表现得很轻松,这点非常重要。如果我们表现出生气或烦躁,孩子就会觉察到这些信息,并对我们让他穿衣服的要求产生排斥。当孩子没有穿衣服的时候,下面的这些想法能帮助我们放松心情:

- 孩子没有穿衣服也没什么关系。他们这样做是有理由的,而且我已经掌握了一些能够让孩子穿上衣服的步骤和方法。

- 鼓励孩子穿上衣服需要一个过程,并不一定要现在马上就达成。

- 我的心情越冷静,越能接受这一点,就越有可能会创造出更多的机会来帮助孩子穿上衣服。

每到换季的时候,孩子都不想换衣服:每次这个时候我们都会为此吵架。

我们的孩子可能会非常喜欢固定的模式,当需要作出转变或改变的时候,他们会非常不情愿。你的孩子很有可能是对变化有抵触。为了让孩子能够更易于接受这种转变,你要逐步去完成这一过程。比如,在夏天的时候,让孩子穿一些薄的长袖T恤和长裤。这样的话,当夏天结束的时候,当你想让孩子换上秋装时他就不会觉得太过突兀了。在夏天快要结束的时候,让他们逐渐地、慢慢地穿上较厚的衣物。冬天的时候,你可以做相反的事情。这样的话,换季衣服的改变对孩子而言就不会显得太过突然了。

我的孩子不愿穿冬装外套。

这可能只是因为衣服面料的缘故。大多数冬装外套都是"膨胀"的,并且摸起来像塑料；有些可能会很重，而且由于衣服的领子很高，孩子可能会有一些呼吸不畅的感觉。

让孩子尝试不同的衣服，我建议你从最柔软最轻便的面料开始，并且不要一次性试完。这样更有利于孩子接受不同的面料。

把穿外套变成一件有趣的事。将这件事情加入到你每天和孩子一起玩的游戏当中。你可以这样做：

- 当和孩子追逐玩耍的时候，拿上孩子的外套，当你抓住他的时候，把他裹进外套里紧紧地抱住他。
- 下次你和孩子玩"睡觉"游戏时，把外套当做安抚物。
- 尝试去穿上他的外套，然后让他穿上你的外套。
- 给他喜欢的玩偶或毛绒玩具穿上他的外套，然后摆成一些搞笑的造型拍成照片。
- 用你的外套做一个小帐篷，邀请孩子到里面和你一起玩。
- 如果你和孩子在一起玩想象游戏，比如乘飞机、赶火车或者登上月球，设法让你的外套也成为游戏的一部分。
- 藏一些孩子肯定会喜欢的小东西在他的外套口袋里。可以是一张贴纸、一张他喜欢的人偶的照片、一份他喜欢吃的零食或是一个气球。

记住要和孩子进行交流，向他解释为什么你要让他穿上外套，外套是如何让他们保持温暖的。

有时候孩子会完全沉迷于自己的活动中，我根本没有办法让他暂时停下来帮他穿衣服。

要顺着孩子正在玩的游戏，不要打断他们。当你顺从孩子的兴趣时，他们更有可能会允许你帮他们穿衣服。在这种情况下，没有必要将孩子的注意力从游戏中移开。你可以在孩子当时所在的位置给他穿上衣服。比如说，如果你的孩子当时正站在桌旁专注地看着连环画，那就在他们站着的地方为他穿上衣服。运用"让权指南"（见第1章），让他们明白，当你给他们穿衣服的时候，他们仍然能够看自己喜欢的书。

洗澡时间

耶！洗澡时间到了！脑海里出现了泡泡浴和小黄鸭的画面。洗澡时间通常是在一天结束的时候。它能够帮助我们洗掉白天落在身上的灰尘，让孩子安静下来，平静地进入梦乡。但是你在劳累了一整天之后也可能会觉得有些疲惫。如果你觉得有的时候帮孩子洗澡太累了，下面的这些方法或许会对你有所帮助：

- 如果可以选择其他时间的话，你可以挑一个对你更适合的时间。对你而言,可能早上或者中午给孩子洗澡会让你觉得更方便。选择权在你手里。

- 如果你没法选择,只能在晚上给孩子洗澡的话,那么请用一种轻松、有趣的方式来做这件事,这一点非常重要。这再次回到了我们之前提到过的理念,活动本身是否有趣并不重要,重要的是我们要让每次的活动变得生动有趣。在给孩子洗澡的时候,要牢记这句话,试着找出洗澡有趣的方面。当洗澡时间到来时,要放松心情,充满热情地去拥抱这段时间!不管怎样你都要去做的,那么何不以一种开心而放松的心态去完成这件事呢?

很难让孩子进入浴缸?

给他们适当的提示

提前通知孩子,让他们充分意识到洗澡时间马上就要到了。有时候,我们的孩子会完全沉迷于他们正在做的事情当中,并不想马上停止这些活动去洗澡。提前15分钟告诉他们,让他们知道洗澡时间很快就要到了。然后提前10分钟和提前5分钟的时候再分别提示他们一次。这样的话,洗澡时间真正到了的时候他们就不会觉得太意外了。

同样,如果你希望30分钟之后让孩子去洗澡的话,那么就不要给孩子玩一些他可能会入迷的游戏。我建议你将所有的电子产品收起来,并且不要让孩子玩那些很难解开的谜题或者其他类似的游戏,因为孩子在完成这些游戏之前很难离开。

考虑孩子感官的敏感性

正如之前在"穿衣服"章节中所提到的那样,孩子不愿意洗澡也可能是由于他们的感觉过于敏感。流水冲击浴缸的声音可能太过强烈。一种可以考虑的方法是在孩子进来之前提前把水放好。或者试试相反的方法,让孩子进到空的浴缸里,然后慢慢地将水加满。如果孩子喜欢水的话,这个方法会特别有效。

也可能是水的温度让孩子觉得不太舒服,你可以尝试升高或者降低水的温度。

我治疗过的很多孩子喜欢待在一些非常窄的地方。如果你的孩子个子很小的话,你可以在浴缸里再放一个小的浴盆,或者让他坐在小浴盆里帮他洗澡。考虑一下不同的洗澡方式,比如淋浴。

让他们带着喜欢玩的玩具

如果孩子手里喜欢拿着一些特定的物品或者特别喜欢玩某种玩具,而这些物品又恰好是防水或者不会被水损坏的话,那么请允许他们在洗澡的时候带着这个玩具。这会让他们喜欢进到浴缸里把自己洗干净。你希望孩子愿意去洗澡,但是如果洗澡的时候必须要离开他们最心爱的玩具或物品的话,他们又怎么会喜欢去呢？我们的孩子喜欢某个特定的玩具是有原因的。它能帮助他们安静下来，在这个嘈杂而不可预期的世界里带给他们安全感。不要认为让他们带着玩具会妨碍洗澡，相反，孩子带着玩具对洗澡会有帮助。如果你允许他们带着玩具的话，他们会更愿意进到浴室中来洗澡。

让洗澡变得有趣！

- 现在市场上有很多可以放在浴缸里的玩具，你可能都会挑花眼。记住要把孩子的兴趣点和你买的玩具结合起来。
- 泡泡！泡泡！泡泡！——泡泡通常会引起孩子极大的兴趣。泡泡浴是一个很棒的主意，但我并非只是在说泡泡浴，你也可以在孩子踏入浴缸的时候吹泡泡到浴缸里。洗澡时间可是你可以和孩子一起玩泡泡的唯一时间。
- 放上孩子最喜欢听的背景音乐。
- 你可以将浴室里的灯光调暗或者点上蜡烛。这种环境更容易让人平静下来。
- 你可以买一个"洗澡小伙伴"。它可以是一个很大的塑料娃娃、充气的小动物或者某个只会在洗澡时间出来和孩子一起洗澡的玩偶。
- 当你想让孩子洗澡的时候，你可以用这个"洗澡小伙伴"来模拟演示洗澡的情形。

洗头发

因为很多原因，洗头发对这些孩子来说可能是一件非常有挑战的事情。他们头部的皮肤对不同类型的接触可能非常敏感，因此水倒在头上时他们会感到很不舒服。水从他们看不见的地方浇下来的感觉可能会让他们觉得事情超出了自己的掌控，因此他们拒绝洗头发可能是希望重新获得对局面的掌控。之前肥皂液进到眼睛里的经历也会让他们排斥洗头这件事情。

不必强求孩子一定要洗头发

孩子不洗头发会有什么坏处呢？也就是孩子的头发会脏一段时间，又不是世界末日。不洗头的话，头发上的油能够营养孩子的头发和头皮。在日常生活中，我们会过度清洗自己的头发，把头发上所有的油都洗掉。这样做的好处是，在接下来的几天头发可以保持清洁。当孩子说"不"或表现出不愿意的时候就不要给他们洗头发了，在这件事情上要给孩子自主决定的机会，从而让他们敞开心扉，愿意去探索洗头发这件事情并逐渐接受它。

我曾经治疗过一个叫Millie的4岁小女孩，她刚开始时拒绝洗头发。为了给她自主决定的感觉,我们不断通过各种有创意的方式提出要替她洗头发,但是,如果她表现出不愿意或者说"不",我们会尊重她的决定,而不会去强迫她。在接下来的3周时间里,她一直拒绝我们帮她洗头,但是我们也收获了很多。我们将控制权一直交在她的手中,确信这是我们能做的最有用的事情。我们知道尊重她所说的"不"在我们之间建立了牢固的信任关系。这也意味着我们要在帮她洗头发这件事情上发挥更多的创意。最终我们终于想到可以在她面前放上一面镜子,这样她就能看到水流到头上的情形,而不会觉得特别吃惊。通过这种方式,她接受了洗头发这件事情。给她决定权不仅让她最终同意了让我们帮她洗头发,同时在她和父母之间也建立起了牢固的信任关系,她也开始同意让父母做其他的事情了。现在,她已经是一个为自己的漂亮头发感到自豪的少女了。

充满创意

尝试用不同的方法为孩子洗头发:
- 像上面提到的那样,试着用一面镜子。
- 你可以让他们躺在浴缸里把头发打湿,这同样也给了孩子更多的自主权。
- 你可以把水盛在罐子里,先让孩子观看水浇到娃娃的头发上的情景,然后再在孩子的身上尝试。
- 找一些塑料玩偶放在浴缸里,并为它们洗头发,让孩子也参与进来一起为玩偶洗头发。
- 让孩子的兄弟姐妹一起来洗澡,先给他的兄弟姐妹洗头发,并且在这个过程中让他们表现得很开心,然后再为你患孤独症的孩子洗头发。
- 通过孩子喜欢的玩偶来跟他们说话,让玩偶提出让孩子帮它们洗头发。我见过一些孩子虽然对他人的要求很少回应,但他们却更容易去回应自己喜欢的玩偶所提出的要求,因为这样不用直接和人接触,对孩子来说更容易一些。
- 把洗发液倒在孩子的手上,尽量让他们自己抹到头发上。这会让他们有完全掌控局面的感觉。

为他们的头部"脱敏"

在白天你和孩子一起玩游戏的时间,找机会按摩他们的头部。按摩的力道要持久深入。如果孩子允许的话,你也可以抓挠他们的头皮。这种做法对孩子头部的"脱敏"会有帮助,这样以后当他们的头部被触碰时就不会再那么敏感和难受了。当然,这个过程仍然要遵守"让权指南"(见第1章)。

理发

我们对孩子的发型通常会有一些自己的想法。这没什么不对,但是有时候我们可能会对孩子的发型太过关注,甚至认为它可能与孩子的健康有关。真的是这样吗?如果孩子拒绝理发的话,问问自己,理发是必须的吗?你能否把你对孩子发型的期望(比如女孩的发型要漂亮,男孩的头发要短)先放在一旁?现在,任何一种发型都能被大众接受。我见到过留着长发的男孩(我的侄子今年14岁,他头发的长度几乎接近他的身高),也见过刮了光头或留着鸡冠头的男孩,我也见到过女孩子留着传统的短发或是长长的头发。如果你能放下你对孩子发型的主观要求,让孩子自己去决定,这将会减少你们双方的压力。在这件事上你是可以放手的。

孩子愿意去理发的好处在于,理发之后头发不会遮住他们的双眼,这样的话他们就能够更容易地观察周围的人,有助于他们与别人的沟通。你也可以让孩子的头发更易于打理、保持清洁和美观,从而使他们在同伴中更受欢迎。现在要给孩子说"不"的权利,尊重他们的意愿,这是将来让他们同意理发的必要过程。

和理发"交朋友"

当你不再执意要给孩子理发的时候,通过下面这些有趣的小建议,鼓励孩子爱上理发的过程:

- 把以前的芭比娃娃和绒毛玩具排成一排,然后来扮演理发师。如果孩子对这种想象性游戏不感兴趣的话,那么在他们在房间里的时候,你亲自来做这件事情。即使他们对你正在做的事情不感兴趣也没有关系。记住,你自己要表现出很高兴和很享受这个游戏的样子,相信孩子一定会注意到你的快乐的。
- 如果孩子能够参与到这种想象性游戏之中的话,让他们加入到游戏中来一起扮演理发师。记住这不是要给孩子理发,而是要帮助孩子熟悉理发的过程。让他们分别扮演理发师和顾客。
- 如果孩子喜欢玩面人,那么做一个有着长头发的面人,然后帮它把头发剪短。
- 为某个家庭成员理发,向他展示理发的过程。

我曾经遇到过一个家庭,家里有一个6岁的男孩叫Billy。Billy每次看到理发剪刀时都会尖叫着跑开,他担心自己会被别人强行按住给他理发。那时,爱萌计划®项目里有一位名叫Suzanne的儿童督导员,她同时也是一名理发师。为了向他的父母展示如何给孩子足够的自主权、让理发过程变得有趣,我和Suzanne与Billy一起进入了游戏室。Billy与我们一起进入游戏室时非常高兴,当Suzanne拿出了理发用的披肩并跟他解释让他帮我理发时,Billy看上去有点疑惑。当她拿出理发用的剪刀时,Billy跑进了浴室并关上了门。我们给了Billy完全的自主权,让他觉得如果需要,他完全可以独自待在浴室里。当他在浴室的时候,我们发出了很多和理发相关的有趣的声音。我们大声地欢笑,大声地谈论理发是一件多么美好的事情,当然最重要的是,我们当时内心确实很高兴。

当理发过程进行了大概10分钟之后,Billy把门打开了一条缝,开始透过门缝往外看。当我们扭头去看他的时候,他马上又把门关上了。我们继续理发,没有要求他去做任何事情。两分钟后,他又开始偷看了。有了之前的经验,这次我们没有回头去看他,就让他这么看着。他看了一会儿后,又把门关上了。当他确定我们不会强迫他做任何事情、而且也不会给他理发之后,他开始变得越来越勇敢,最后终于走进了游戏室里观看我们,甚至亲手帮Suzanne拿着剪刀来给我理发。

这是他第一次自愿近距离地接近理发剪刀,甚至愿意拿着剪刀,而且心情放松、可以开怀地大笑和玩耍。这仅仅用了45分钟。这也再次表明了把给孩子自主权与让事情变得有趣结合起来会发挥多么大的力量。

当孩子熟悉了理发过程、并且能够放松之后,尝试去询问是否可以给他们理发。

- 开始只剪小小的一缕头发。
- 如果他们同意的话,表扬他们。
- 几天之后,试着看你能否给他剪下两缕头发。
- 以此为起点,随着时间的推移,逐步慢慢地增多。
- 当孩子习惯让你替他们剪发之后,逐渐换成理发推子。

如果他们拒绝让你理发的话,给他们自主权,要清楚你的孩子可能需要更多的时间来接受理发过程。过几天之后,再试一次。用坚持不懈和充分尊重他们意愿的态度不断尝试。最后很可能你的孩子就会让你给他理发甚至可能会允许你把他们带到理发师那儿了。

带孩子到理发店理发

我希望你在孩子完全不介意让你给他理发至少2个月之后,再考虑把他们带到理发店。当你觉得是时候带着孩子去一家真正的理发店的时候,你要先向孩子解释整个过程。你可以先去一趟理发店,照一些照片,这样的话当你在给他们解释一些细节的时候,你就可以把这些照片展示给他们看。记住,一定要用激动的神情告诉他们,他们已经长大了,这真是太好了,他们终于可以去真正的理发店了。解释的时候,你也可以同时把这表演出来。假装开车到了理发店,然后假装你是理发师,跟孩子打招呼,给他们披上披肩,让他们坐在理发专用的椅子上。假装替他们洗头、理发并吹干。你甚至可以问问理发店是否愿意在下班时间让孩子过来参观一下。通过这种方式,可以使孩子有机会在不用为理发而担心的情况下熟悉理发店的环境。

如果你觉得理发店的气味太浓或灯光太亮的话,你可以询问一下是否有理发师愿意到家里来给孩子理发。反正问一问又没什么损失。

剪指甲

剪指甲也是类似的过程,给孩子自主权,让孩子熟悉这个过程。同样,向孩子解释并展示指甲刀的用法也会很有帮助。

和指甲刀"做朋友"

下面是一些有创意的想法,但是别忘记你可以根据孩子的兴趣点适当地进行调整(见第4章)。

- 假装指甲刀是一个动物,比如一条鲨鱼、一条鳄鱼或一只毛毛虫。用纸做一些食物或小鱼,把指甲刀假扮成动物吃掉这些食物。
- 你可以假装指甲刀是火车或者飞机。让这些"交通工具"到达一个"剪指甲大陆",所有动画片里的角色都会到这里来剪指甲。
- 用指甲刀代替鼓槌来敲鼓。
- 从网上下载打印孩子喜欢的人物角色,然后给他们剪指甲。
- 在纸上印下家庭成员的手印,让孩子帮他们剪指甲。

当你觉得孩子能够接受指甲剪并熟悉了剪指甲的过程之后,试着去为他们剪指甲。从手开始,因为这样孩子能看清楚正在发生的事情。同样,从剪一次开始,逐步增加,直至最后能剪掉所有的手指甲和脚趾甲。

试着在他们洗澡的时候给他们剪指甲。热水会让指甲变软,这时给孩子剪指甲他会感觉容易接受一些。

青春期卫生

这部分内容是针对高功能的青少年和年轻人的,也就是说他们能够在一定程度上维持谈话、提出或回答问题,也具备一定的阅读或书写能力。这部分内容将会阐述如何培养其喷香水、换衣服、洗澡、梳理头发等自理能力。我将把这些能力作为一个整体来进行阐述。

本章前面所讲到的所有内容对于青少年和年轻人也同样适用。给孩子自主权，以及熟悉整件事情的过程适用于每一项自理能力。不同的地方在于要考虑到他们的年龄，以及他们所处的特殊发育阶段。

和孩子进行交流

和孩子们谈一谈他们身体正在发生的变化。所有的青少年都会关注自己身体的发育情况，孩子患有孤独症并不意味着他们会对此没有感觉。他们很可能已经察觉到了自己身体内部正在发生的变化，对此也有了一定的感受和想法，因此我们要为他们提供有关身体发育方面的清晰而有用的信息。这样我们才能尽自己最大的努力去帮助他们，让他们理解正在发生的事情。我建议你通过以下两种方法来完成这件事情。

找一本开放而清晰地讲述青春期发育的书送给他们。一起读这些书，并和他们进行讨论，回答他们的问题，解答他们可能会想到但却没有问出来的疑惑。这个过程中，你要尽量保持开放，孩子获得的相关信息越多，这些变化发生时他们就会越放松。

和孩子讨论他们身体正在经历的变化时，你的态度要是兴奋和高兴的。通常，孩子们在获知这些信息的时候，家长的语气往往是紧张而拘束的，这会让孩子面对身体的变化时感到紧张和不安。我们的态度越放松，孩子的状态也会越放松。如果在你的家里，父亲能够和儿子进行交谈，母亲能够和女儿进行交谈的话，那就更理想了。青少年通常更希望从同性别的长辈那里听到这些信息。但是如果你是单亲父母的话，你的开放和放松也足够了。我鼓励每位家长朋友都要亲自和孩子交流这些问题，而不要把这些问题留给学校或其他人，因为没有人会比你更加关爱自己的孩子。而且在这个过程中，你同时也能让孩子体会到你的价值。

解释为什么需要进行这些新的卫生清洁活动

和孩子谈论身体的变化怎么会与个人卫生有关呢？如果孩子能够明白突然开始要求他们喷香水或是刮胡子的原因，他们会更乐意这么去做。这是进行这些活动背后的原因，正因如此，完成这些活动才会有意义。我们更倾向于去做有意义的事情，而不愿去做那些被要求完成的事情。在你描述这些事情的时候，一定要用一种有趣好玩的方式。向孩子解释这些变化是非常正常而奇妙的，这预示着他们正在成长为一个美丽的女孩或者帅小伙。

长大是一件有趣的事情

长大对所有孩子来说都是一个动力，对于孤独症儿童而言也是如此。让他们注意自己是怎么长大的,以及你对他们的成长感到多么的自豪,从而让他们自己对成长为青少年也感到切身的骄傲。让他们明白,人生中这一新阶段的到来伴随着许多新的事情,比如喷香水、打理头发、甚至抹发胶。现在,既然他们已经是青少年了,他们可以在化妆品店里选一些新的有趣的日常用品了,以后他们每天都可以用这些新的化妆品了。

和他们一起专门到化妆品店里逛一逛,让他们挑选新的化妆品。让他们自己决定选择什么,这样他们会更愿意用自己选择的产品。逛完之后,接着组织一个庆祝活动,让这次经历成为他们成长的里程碑。比如去他们最喜欢的餐馆或者在家里聚餐为他们进行庆祝。

让干净变得很酷

这一点不同于上面提到的"熟悉这项活动"。让干净变成一件很酷的事情。不要讲不干净的坏处,比如身上有味道会被人取笑; 相反,要去强调保持清爽的好处。不要机械地宣讲这个观念,而是要通过不同的活动,在日常生活和交谈中潜移默化地去影响他们。当谈话中提到电影明星、运动员、流行歌手时,谈论他们的美丽与干净。当家里其他人刚洗完澡、刚剪了一个不错的发型、或者穿戴得很漂亮准备出门时,要关注他们并大声赞美他们。

找一个孩子生活中最时尚的人,可以是孩子的堂兄妹或是某个家庭成员,或者是他兄妹的某位朋友。如果你觉得这个人很开明的话,那么让他在孩子面前作出爱干净的表率。比如,可以让他到家里来谈论他在用哪种类型的香水或者发胶。最好孩子也崇拜这个人,并且认为他很酷。

当孩子变得非常干净、并且学会打理自己的时候,你要赞美他们,告诉他们现在看起来神清气爽,样子很酷。

通过收集孩子喜欢的偶像的照片,让孩子关注自己的外表。如果孩子很喜欢画卡通画或者是一个小艺术家,那么就收集不同画家的照片。如果孩子喜欢运动,就收集不同的运动员的照片。依此类推。当你们一起看这些照片的时候,和孩子讨论每个人不同的外表,询问孩子喜欢以哪种方式打扮自己。你们也可以讨论家里人的照片,讨论每个人的外表有哪些不同,大家喜欢穿什么样式的衣服,他们是脏乱的还是整洁的等等,然后询问孩子希望如何打扮自己。

向孩子展示你多么喜欢护理自己的身体,为孩子树立榜样

当你洗完澡后,和孩子分享洗澡的美妙感觉: 洗完之后人很清爽,还能穿上干净的衣服,这种感觉多么美好。告诉他们使用香皂后,你多么喜欢自己身上散

发出来的香味。

对所有的父亲而言,要和孩子分享刮胡子的体验,为孩子树立经常刮胡子的榜样。

妈妈们要和女儿分享如何找到合适的洗面乳,以及用这些洗面乳洗完脸后的感觉是多么神清气爽。

向孩子示范你在外出之前是如何喷香水的,以确保自己闻起来很棒。向孩子展示所有你护理自己身体的方法。你以前可能没有想过这些,现在是时候和孩子分享这些经验了!

自理能力行为检查清单

- 所有自理能力对孩子而言都是非常重要而有价值的,它们不是一些必须尽快完成的琐事。
- 从下面的视角考虑问题:
  ○ 它们是孩子走向独立的过程。
  ○ 它们意味着我会有更多的时间。
  ○ 它们能加强我与孩子之间的联系。
  ○ 它们能提高孩子的社交能力。
- 通过下面的方法将你自己的自理活动变得有趣:
  ○ 专注当下。
  ○ 在活动中享受一件事情。
  ○ 在开始之前,期待这个活动中你喜欢的部分。
  ○ 让整个活动慢下来,仔细体味你喜欢的部分。
  ○ 庆祝自己完成了这样一项伟大的活动。
  ○ 向家人或者朋友分享你体会到的乐趣。
- 结合孩子的兴趣让整个活动变得有趣。
- 买一些气味小、不过敏的东西,使用温暖柔软的毛巾,给孩子更好的感觉体验。
- 仔细检查浴室里是否存在孩子可能会不适应的感官刺激。
- 如果孩子可以说话,问问他们的感受。
- 避免冲突——绝不强迫孩子——始终坚持"让权指南"。
- 帮助孩子熟悉活动过程。让他们在不用担心事情会发生在自己身上的情况下,放心地去探索每项活动。玩一些有趣的、能激发孩子兴趣的游戏,让孩子在放松的心情中熟悉这些物品。
- 一旦他们熟悉了这些东西,让他们去接触这些东西。

刷牙行动清单

- 给孩子自主权——不要强迫他们。
- 替孩子刷牙时动作要轻柔。
- 向孩子展示你自己刷牙时的乐趣。
- 通过"两步法游戏"帮助孩子熟悉并喜欢牙刷。
- 每天早晚都要坚持以一种轻松而有趣的方式询问孩子是否要刷牙,如果他们暗示"不",尊重他们的意愿。

穿衣服行动清单

- 给予充分的时间。
- 在早餐、游戏或者玩任何电子设备之前,先帮他们穿好衣服。
- 在前一天晚上提前选好孩子第二天要穿的衣服。
- 让孩子自己动手。
- 把整个过程分解,每次进步一点点以达到最后的目标。
- 用一种有趣好玩的方式询问并帮他们穿好衣服。
- 向他们示范你自己穿衣服的过程。
- 把你的衣服拿到孩子的房间,这样你们能够同时穿衣服。
- 表扬!表扬!表扬!

洗澡行动清单

- 选一个对你来说合适的时间。
- 提前下定决心,在帮孩子洗澡的时候让自己放松并乐在其中。
- 提前30分钟提醒孩子一会儿要洗澡了。
- 不要在洗澡前让孩子玩一些容易入迷的游戏。
- 允许孩子在洗澡的时候带着玩具。
- 让洗澡变成一件有趣的事!尝试一些有趣的想法。

洗头发行动清单

- 不必强求孩子一定要洗头。
- 给孩子自主权。

- 充满创意,用不同的方式向孩子展示洗头,尝试本章前面提到的方法。
- 为他们的头部"脱敏"。

理发行动清单

- 让他们熟悉并喜欢上理发。尝试本章前面提到的一些游戏。
- 没有必要让孩子必须剪成某种发型。
- 给孩子自主权,如果他们表现出任何不想理发的迹象,尊重他们的意见。
- 当你的孩子准备好开始理发了,先从剪一缕开始。表扬他们,下一次剪两缕,逐步递增。

青春期卫生行动清单

- 以一种开放、兴奋的态度,和孩子讨论他们身体正在发生的变化。
- 向他们解释为什么他们需要进行一些新的卫生清洁活动。
- 专门去一趟化妆品店,让他们自己挑选新的卫生用品。
- 让干净变得很酷。
- 向孩子展示你是如何护理自己的身体的。

第12章

引入新的食物

你的孩子挑食吗？他们是否只吃两三种不同的食物，甚至只吃一种？比如某种特定品牌的巧克力曲奇饼干、奶酪三明治或者只吃从麦当劳买来的鸡块。也可能你的孩子饮食种类更多样一些，但是里面却不包括任何的蔬菜和新鲜水果。你的孩子有慢性腹泻或便秘吗？或者两者都有？如果你希望在孩子的饮食中引入新的食物，那么请看本章的内容。这些技巧帮助过无数的父母，让他们孩子的饮食变得既丰富又健康。

就在上周，我为一个家庭提供了咨询，他们的孩子以前只吃白面包、奶酪和披萨。他们采用了本章中的这些建议，现在孩子可以吃鱼、鸡肉、牛肉、鹰嘴豆、米饭、藜麦、西兰花、绿豆、西红柿、甘蓝、洋葱，并且喜爱新鲜的"绿色果汁"和柠檬汁。他们也已经观察到孩子在集中注意力和与别人互动方面有了一定的改善。他的语言交流能力提高了，发脾气的次数也减少了。健康的饮食能够对孩子的孤独症症状产生巨大的影响。

考虑孩子对食物的敏感性

我接触孤独症谱系儿童已经有25年的时间了，遇到有消化问题的孩子在急剧增多。现在我经常能见到胃胀气、眼底下有黑眼圈、慢性便秘或腹泻的孩子。这都可能是消化困难的症状，或者提示孩子对某些食物过敏或敏感。你的孩子只选择吃很少种类的食物可能也是因为他对某些食物过敏或敏感。

孤独症之声旗下的孤独症治疗网（Autism Speaks' Autism Treatment Network，ATN）牵头的一项研究表明，接近半数的孤独症谱系障碍儿童存在消化系统问题，并且随着孩子年龄的增长，这个比例会不断增大。

如果你的孩子挑食，或者有便秘、腹泻、胃胀气，那么有可能是因为他们正在吃的食物有问题。我们不仅要引入新的食物，同时减少某些种类的食物也是非常重要的。我们的孩子最敏感的食物通常是谷蛋白、酪蛋白和糖。

谷蛋白和酪蛋白

谷蛋白和酪蛋白都是复杂蛋白质,主要存在于小麦和乳制品中。关于这两种蛋白对孤独症儿童的影响,网络和书籍中已有大量的介绍。简单来说,有些孤独症儿童肠道通透性较高,也就是说在他们的肠壁上有一些微孔。谷蛋白和酪蛋白能够通过这些微孔进入到孩子的血液中。然后这些蛋白跨过血脑屏障,可以对孩子产生一种类似吗啡的效果。因此,对我们的孩子来说,这些食物就如同毒品一般。难怪孩子会很难集中注意力或很难与他人进行交流!

有些家长可能在想,"啊!我的孩子吃的全是小麦和乳制品!"这并不罕见。如果你的孩子对小麦和乳制品很敏感,他们很可能会上瘾般地渴求这些东西,就像有些人可能对毒品上瘾一样。但是请你相信,一旦你将这些食物从孩子的饮食谱中去除,这种渴求会逐渐消失,他们会开始吃其他的食物!本章将指导你如何去做。

糖

糖被认为是非常容易上瘾的,而且它是食品加工的重要调料。在18世纪早期,美国人均每年消耗12磅糖。根据美国农业部的统计数据,每年人均耗糖量(包括玉米甜味剂,如果葡糖浆)在2000年超过了150磅。这可能也表明精加工食品的增多。

如果孩子们吃很多糖,这将阻碍他们吃更健康的食物。如果我很想吃糖,我就会寻找含糖量高的食物,而把蔬菜和肉类放在一边。减少孩子的摄糖量,会让他们更容易接受你提供给他们的新食物。

我们的孩子通常会有消化问题。如果你的孩子有慢性腹泻或便秘,这提示他们的消化功能可能出了问题。糖类也被证实会促进一种叫念珠菌的真菌的生长,从而让孩子感到不舒服,甚至腹痛。当我们肚子痛的时候,我们将很难学习新的事物或与别人交流。对孩子来说也是这样。念珠菌过多可导致肠道菌群失调,通常与过度摄入糖或精加工碳水化合物有关。念珠菌过度生长能够导致很多常见的症状,包括记忆受损、注意力不集中等。

糖类也会使孩子体内的能量产生波动。对于那些只吃糖的孩子,我们通常会发现他们的能力会有急剧的波动,孩子会变得非常难以集中注意力、极度活跃,然后等到了我们称为"糖消退"的阶段后,孩子又会变得无精打采。同样,这也并不利于我们的孩子集中注意力、互动或学习新的东西。这是需要降低孩子糖摄入量的另一个重要原因。

糖在几乎所有的加工食品中都能找到,包括蔬菜制品和肉制品。果汁和加工过的饮料(包括豆浆和大米乳),糖含量都很高。我建议你根据食物上的标签来检查糖含量。下面的这些不同的词语所指的都是糖,有些你可能认识,有些你不一定认识:

葡萄糖,果糖,乳糖,半乳糖,麦芽糖,麦芽糖浆,蔗糖,甘露醇,山梨醇,木糖,木糖醇,甜菜糖,棕糖,玉米糖,玉米糖浆,果汁,葡聚糖,蜂蜜,枫糖,枫糖浆,粗糖,米酒,高粱等。

慢慢减少孩子的糖摄入量

如果你发现孩子的糖摄入量非常高的话,你要控制它并慢慢地降低。就像我们的身体对某种东西上瘾一样,突然停止摄入的话,孩子的身体是很难适应的。如果孩子喝很多果汁或苏打水、吃曲奇饼干和巧克力,那么每次减少1种。例如,第一周将曲奇饼干从他的饮食中取消,第二周在取消曲奇饼干的基础上再将所有的苏打水去除。每周1种,直至把上述所有食物都取消。

去看孤独症医生

为了明确孩子是否对谷蛋白、酪蛋白或其他食物过于敏感,你可以咨询孤独症大夫。咨询那些相信饮食对于孩子的孤独症症状具有重要影响,并且知道需要采用何种方法来检查孩子对何种食物过敏的医生,这将对你大有帮助。你可以通过查询网上的信息来找到这样的医生,也可以询问其他孩子的父母,看他们是否有推荐的医生以及为何推荐。

孤独症饮食

如果你发现孩子对某种食物过于敏感,那么将这种食物从食谱中去除不仅能够帮助孩子缓解健康问题,而且也能让他更愿意去尝试接受新的食物。网上有很多关于孤独症特定饮食的信息,也有很多这方面的书籍。

下面是孤独症领域目前最前沿的四种饮食干预策略。每一种饮食分别针对不同的健康问题。我并不是建议你直接采用下面的这些饮食干预方法,我只是希望你能够做一番研究,学习一下,最后得出自己的结论。通过这种方式,你最终将为你的孩子作出最明智的决定。

- 不含谷蛋白和酪蛋白的饮食(gluten-free casein-free diet, GFCF)
- 特定碳水化合物的饮食(specific carbohydrate diet, SCD)
- 肠道心理综合饮食(Gut and Psychology Syndrome Diet, GAPS)
- 符合身体生态的饮食

这里有一个深度讲解上述孤独症饮食策略和其他相关问题的很好的网站,网址是http://nourishinghope.com。

开始新的饮食之前的准备

如果你决定要将某些食物从孩子的饮食中去掉,那么下面这些步骤将对你有所帮助。

1. 当一切准备好之后再开始。改变孩子的饮食是一个重大的举措,可能会给你的整个家庭带来积极的影响。有些人可能会接触到一些以前从未听说过的食物。当你心无疑虑的时候,你就可以开始了。你要确保为孩子准备的新的饮食方案对他们而言是健康而有益的。深入查询相关的资料、与那些已经帮助孩子进行过这种饮食干预的父母交流,这些方法能够让你更深入地了解这方面的信息。孩子们对我们的疑虑会很敏感。如果他们觉察到我们对限制他们吃以前的食物这件事并不坚定,他们会拒绝进食直到我们放弃为止。如果我们还有疑虑的话,这些疑虑也会诱导我们,让我们继续给孩子吃他们想吃的食物。我们要告诉自己: 孩子们吃点东西总比什么都不吃要好,喂养孩子是父母抚育孩子的重心,给孩子们他们喜欢的食物能体现出我们的关爱。我完全理解当孩子拒绝吃其他任何东西的时候,不把那些他们爱吃的食物给他们会是一件多么困难的事情。但是不要忘记这些食物正在伤害我们的孩子,并且会加重他们的孤独症症状。这些食物并不能滋养孩子的身体。我们也可能会担心他们再也不会吃东西了,有的孩子会努力让我们相信这一点。不过,我从来没见过一个孩子因为给他限制了上述饮食之后就再也不吃东西了。相反,我却见到过很多父母,因为担心孩子不吃东西就给了孩子他们爱吃的食物。

我为一个母亲提供过咨询,她有一个4岁的孩子,叫做John。他只吃奶酪、鱼饼和鸡块,并且有重度便秘。这位母亲决定给孩子提供不含谷蛋白和酪蛋白的饮食,但是怕孩子会因此不吃东西。带着这种疑虑,她开始了这项饮食干预计划。3天之后,孩子仍然什么都不吃,无精打采地躺在地板上,看起来很难受。因为担心自己会妥协而放弃饮食干预计划,给孩子他想吃的食物,妈妈打电话找我寻求帮助。我们讨论了她对John可能“绝食”的担忧,以及作为一个母亲,她本应该给孩子提供孩子想吃的东西的观念。在通话的最后,她再次承诺她要帮助孩子,即使孩子非常想要,她也不会给孩子吃那些对他有害的食物。她同时也确信,孩子是不会永远饿着自己的。第二天,她发电子邮件告诉我,那天早餐时,孩子终于吃了一片不含谷蛋白的面包片。她的态度和决心发挥了作用。在不含谷蛋白和酪蛋白的饮食干预开始1周之后,John就尝试了10种新的食物,包括黄瓜、生菜和绿豆等。他和别人的眼神交流也有了很大的进步。现在的这些食物才是真正能够为John提供营养的食物。

我们需要和孩子沟通,向孩子明确表明我们不会再给他们提供以前的食物了。孩子们需要感觉到我们坚定的态度,并且理解以后的饮食会发生变化。这将有利于他们接受新的饮食安排。

2. **自学**。现在你已经知道了有哪些食物是你不想让孩子吃的,你还需要知道哪些食物是孩子可以吃的,以及你可以为孩子烹制哪些菜肴。下面的这些网络资源可能会对你有所帮助:

DVD *Let's Go Shopping*: *Special Foods for Special Needs ADHD*, *PDD-NOS*, *Autism*, *Celiac Disease & Down Syndrome*将帮你挑选健康的食物。创作这份DVD的母亲也有一个患孤独症的儿子,她的孩子每天都要喝"绿藻饮料"!

3. **厨房的准备**。把你不希望孩子吃的所有食物从家里清除。如果家里还有的话,孩子可能会找到并吃掉它们。我已经听到过很多次有关孩子找到了藏在阁楼或者车库里的食物的故事。如果家里没有这些食物的话,不给他们吃这些东西对你来说也会更容易一些。同时也能避免孩子找到食物之后和你发生争吵的可能。

那么家里的其他成员呢,比如你的爱人、你其他的孩子,他们怎么办呢?为了能更好地帮助你患有孤独症的孩子,最有效的办法就是将这种转变扩展到整个家庭。糖对其他的孩子或者你的爱人同样也是不健康的。我知道一对伟大的父母,他们和女儿一起参与了饮食干预,最后体重分别减轻了25磅。他们说自己也觉得更加健康、更加幸福也更能集中注意力了。这对于整个家庭来说都是一个好消息。它并不意味着每个人都需要完全控制饮食,只是说当他们在家里的时候需要如此。当你的其他孩子在学校或者别的地方时,他们可以吃自己想吃的东西。这样也能避免你每次都要准备许多不同的食物。

4. **向孩子解释为什么你要改变他们的饮食**。让他们知道为什么要引入这些新的食物。如果你的孩子对某些食物不耐受,他们就会不舒服,也可能会发生腹泻或便秘。让他们知道这些新的食物会让他们感到更舒服。哪怕看上去他们并没有在听也没关系,请相信他们在听着(见第5章),让他们知道你这样做是为了帮助他们。我的教女在不同发育阶段对许多食物都过敏,这让她很痛苦,并导致了一些诸如腹泻之类的躯体症状。了解了原因后,她自己主动地远离了这些食物,并听从了父母的建议。我发现许多孤独症儿童可能都有这种体质。

同样也要向你的其他孩子解释这件事情。让他们知道他们在家里参与这套饮食计划是在帮助自己的兄弟姐妹,他们的参与会有助于弟弟或妹妹的病情好转。同样,也要让他们明白,这项饮食计划对他们自己的健康也是非常有益的。他们会变得更健康、更聪明、比同龄人更长寿!如果你计划让全家参与其中,那么他们也需要知道所有这些信息。

避免不含谷蛋白和酪蛋白的垃圾食品饮食

这一点非常重要。当你把孩子过敏的食物去除之后,市面上还有很多其他虽然不含谷蛋白和酪蛋白,但含糖量却非常高的快餐和食品。我建议你限制以下这些不含谷蛋白的食物的数量,比如将煎饼、曲奇饼干、华夫饼干、蛋糕、面包圈和鸡块的数量控制到最低。这些食物都是精加工的,含糖量非常高,会让孩子上瘾。有些小吃也是这样,比如爆米花、薯条等。我曾经遇到过一些家庭,他们的孩子以前只吃三种食物,但是对这三种食物却都过敏。后来他们成功地把这三种食物从饮食中撤掉了,却换成了煎饼、鸡块和薯条。虽然这三种新的食物不含谷蛋白和酪蛋白,但这些食物仍然不是健康和多样的。

我建议你尽量购买未加工的食材,而不要买包装食品。如果你能够为孩子提供肉类、谷物和蔬菜,那么当孩子的过敏原从饮食中去除之后,他们的饮食很可能将会更加健康和丰富多样。

怎样引入新的食物

给孩子自主权

吃饭这件事情我们没法强迫孩子。只能由他们自己掌控。是否有人曾经把食物拿到你的嘴边并坚持让你尝一口? 一般而言,我们的第一反应是把它推开,然后检查一下这到底是什么东西,然后才会考虑要不要吃。我们的第一反应是“不”。要求孩子去吃东西是一件很难的事情。如果我们能用一种轻松随和的方式将食物放在孩子的面前,然后用一种非强迫的语调来询问他们是否想吃的话,可能会更容易成功。

也就是说,不要强迫孩子去吃东西,或者突然把食物塞进他们的嘴里。最重要的是,尊重他们所表达出来的任何暗含“不,我不想吃这个东西”的意见。这可能是孩子把头扭到一边、紧闭双唇、把食物推开或者直接说“不”。记住,给孩子自主权实际上有助于让孩子想去做我们希望他们去做的事情。

你自己也要喜欢这些新的食物

看到别人正在津津有味地享用食物,这本身就是一件非常诱人的事。很多时候,当我在饭馆里看到朋友对他们所点的饭菜赞不绝口的样子时,我会希望自己也能和他们点一样的菜品。现在,你要精心地去准备那些你打算让孩子尝试的新食物,包括蔬菜、藜麦、小米、大米等等,而且你自己也要爱吃这些东西。如果连你自己都觉得它们很难吃的话,孩子们又怎么会吃呢?

在孩子的面前吃这些新的食物,向他们展示你对这些食物的喜爱。吃的时候要带着享受的表情,就好像你正在吃着自己最喜欢吃的食物那样。要用夸张的表情告诉他们"真是太好吃了"。舔舔自己的嘴唇,告诉他们是多么的美味。我们要像最好的广告商那样向孩子推荐这些食物。

要表现得随和而无侵略性

这意味着不要突然把食物伸到孩子的嘴旁。如果孩子对某种食物表现出了兴趣,不要马上要求他们去吃或是立刻拿起食物喂给他们。保持安静,让孩子有时间去看看这些吃的都是什么。在这个过程中,你可以用微笑来给他们鼓励,鼓励他们自己去探索这些食物。如果你直接就告诉他并把食物拿给他的话,他可能并不会接受。我的经验是,如果我不去坚持,给孩子一些时间,他们自己就会去尝试这些食物。你可能发现孩子过来看了一眼然后就走开了,这时我们同样要相信他们,他们可能需要看四五次之后才会决定去尝试一小口。如果我们打断了这个过程的话,他们可能就不会再去尝试了。

另一种方法是把一小块食物放在叉子上,在离孩子几步远的地方提供给他们。然后让他们自己过来,由他们自己决定到底是只看一看、摸一摸、放到嘴边还是要吃下去。上述所有动作都是吃东西之前的过程,都值得我们去庆祝和表扬!

要让孩子容易获得食物

这一点非常重要。我们不要只在吃饭的时间才让孩子能够接触到食物,要让食物随时可得。把新的食物放到碗里,然后放在家里的各个地方。这将有助于你的孩子熟悉新食物的样子和气味。孩子对食物越熟悉,就越有可能会去探索。(孩子在多次探索之后,就会试着去尝一下。)让这些食物随手可得,这样在孩子真正饿了的时候,对他们也是一种诱惑。我鼓励你将这些食物准备充足的量。在孩子待的房间里至少要放两碗。碗里面可以有藜麦、米饭(如果包括在你制定的食谱里)、切好的黄瓜、坚果、做好的蔬菜和一点点切好的肉。

记住,你自己也要爱吃这些食物!当你和孩子在一起的时候,要不时停下来去大口地吃这些食物。如果你的孩子对于尝试新的食物一直有所防备的话,不要尝试把食物强行塞给他们,只需要在他们面前展示这些食物是多么的美味。如果孩子很饿,面对眼前随手可得的食物、看着你吃得很香的表情、而他们又有自主权的话,那么这些诱惑将非常有利于激励他们去尝试这些新的食物。

要有创意

食物的烹饪和呈现方法多种多样。你并不清楚孩子究竟会喜欢哪种方式。例如，虽然我并不爱吃煮熟的胡萝卜，但是我却喜欢吃生的胡萝卜，而且还有很多其他有创意的方法去做胡萝卜：

- 切成圆形；
- 磨碎；
- 切成小方块；
- 切成不同的形状，如笑脸或者火箭的形状；
- 整个煮熟；
- 烘烤；
- 蒸熟；
- 撒一点点盐和胡椒；
- 浇上一点点蒜汁和油；
- 胡萝卜汤。

如果孩子难以接受不同质感的食物的话，那么我们要让食物的口感均一。比如，西红柿有3种不同的口感：果皮、果肉和籽。如果你给孩子吃苹果或者其他的水果，要削好皮并把果核取出来。对于蔬菜来说也是如此。对于肉类，也要尽可能地只用一种，把肥肉切下来，并且保证只有一种颜色。这可能会有助于孩子吃下这些食物。

鼓励孩子吃一种食物的方法有很多种。不要放弃！如果这种做法孩子不愿意吃的话，就换一种方法。

想办法让谷物、肉类和蔬菜变得更加美味。烹制食物的时候，加一些调味品和佐料能让它们看起来更加诱人。健康的食物并不意味着一定会是寡淡无味的。

试验

通过不断尝试确定你在孩子的餐盘里放多少食物是合适的。有的孩子只有在餐盘里仅有一种食物的时候才会去吃。如果餐盘里有不同的食物，他们就会拒绝。如果你的孩子对食物的质感比较介意，可能就会出现这种情况。

将孩子特别喜欢的东西打印成图片，然后把这些图片放在食物的旁边。这样可以鼓励孩子过来并开始探索这些食物。

允许他们吃饭的时候可以从餐桌跑开。我们的孩子通常喜欢跑动，如果限制他们、不让他们活动的话，他们虽然很饿，也有可能会拒绝吃东西，因为只有这样他们才能离开餐桌去活动。如果你允许他们离开的话,你会发现过一会儿他们就会回来再吃上一口。活动有助于消化,对于一些有消化问题的孩子来说,他们可能是在用这种奇特的方式来照顾自己。

你可能在想:"这样的话,他们怎么能学会坐下来在餐桌旁吃饭呢?",让我们每次只解决一件事情。我们首先要让他们吃上更健康的食物;达成这项目标之后,我们再去尝试如何帮助他们坐在餐桌旁吃饭。

当孩子在进行自我刺激的时候,你可以坐到他的身旁,让他知道他可以继续自己的事情,而你只是来帮他吃饭的,这种方法将会收到非常好的效果。当你解释完你将要做的事情之后,轻轻地把勺子或叉子放在他们的嘴边,等着他们去张口。你也可以温柔地说:"张开嘴,这样就能吃到好吃的东西了。"如果你的孩子张开嘴了,你就可以用这种方式继续喂他们。如果他们没有张嘴或是把你推开了,不要强迫去喂他们,要把自主权交给孩子。

从感官的角度审视一下每次全家一起吃饭时的场景。如果家庭成员很多,对于你患有孤独症的孩子来说,很可能会太吵了,他可能对此难以忍受。如果是这样的话,在全家一起吃饭时,孩子可能并不能吃好。在一个不容易被干扰的环境里,孩子可能会更容易静下心来吃饭。我建议你在全家人吃饭之前让孩子先吃。可以在厨房里或者是家里的另一个房间,只有你或你的爱人陪着他。关上厨房或房间的门,这样他就不能四处转悠。在这种小而安静的环境里,你也能更专注地帮助孩子吃饭。

在游戏中引入新的食物

关于食物,你的思路可以发散一些。你的孩子接触食物的机会越多,他们就越有可能会愿意去吃这些东西。下面是你可以尝试的一些方法。记住,请根据你孩子的兴趣对这些方法进行适当的调整。

- 如果你的孩子喜欢火车,你可以假装这些蔬菜是正在等着上火车的乘客。
- 你也可以假装这些蔬菜是需要被运送到不同商店里的货物。
- 你可以把食物用纸裹上,然后系到气球上,做成一个热气球,让它降落在孩子的餐盘上。
- 如果你的孩子喜欢画画,烹制一些胡萝卜和甜菜,把它们当作蔬菜颜料或蜡笔。
- 用葡萄、蓝莓或苹果进行杂耍。
- 让孩子喜欢的角色跳入一碗藜麦中去拯救一只溺水的动物。
- 和孩子玩寻宝游戏,宝物是埋在一碗新食物中的一个小东西。
- 用真正的食物和房间里的所有毛绒玩具来一场野餐。

你可以根据孩子的兴趣对上述例子作出相应的调整,例如,考虑一下你是否可以把食物和他喜欢的玩具放在一起。比如说,如果他喜欢小雕像的话,你可以为每个小雕像做一点小吃。把小吃交给孩子,并让他拿给那些小雕像。如果你的孩子喜欢玩球,你可以假装葡萄或者苹果是一个球,然后让它滚到孩子的跟前或者和孩子一起玩抓球游戏。

哪怕场面变得有点混乱也没有关系。重要的是我们用这些食物玩得很开心。我们要以一种平和、轻松、有趣的方式把这些食物呈现在孩子面前。我们和孩子都忘掉了压力,围绕吃东西可能出现的紧张感也将消散。只有这样,孩子才可能尝试接受这些新的食物。

疑问解答

为什么我的孩子有时甚至会拒绝吃他喜欢的食物?

我曾遇到过很多孩子,如果他们太长时间没有吃东西的话会拒绝所有食物。有时候,我们的孩子没法告诉我们他们很饿,或者并没有意识到自己饿了。这会导致他们的血糖降低,整个人变得无精打采。在这种情况下,可以帮助孩子吃饭的一种方法是在他们进行其他活动的时候喂他们吃饭。他们可能在做一些像翻书、画画或是排列字母之类的自我刺激的事情。当他们进行这些活动的时候,你可以安静地坐在他们的身边,不要打扰他们的活动,喂他们吃饭。当然,此时我们仍然要给他们自主权,获得他们的允许。当你解释过自己要做什么之后,轻轻地把勺子或叉子放在他们的嘴边,等着他们自己张口。你也可以温柔地说:"张开嘴,这样就能吃到好吃的东西了。"如果你的孩子张开嘴了,你就可以用这种方式继续喂他们。如果他们没有张嘴或是把你推开了,不要强迫去喂他们,要把自主权留给孩子。我发现,大多数情况下,如果孩子能够继续专心做其他事情的话,他们会允许你喂他们的。这将有助于他们吃下食物,使他们的血糖恢复正常。

此外,为了避免这种情况的发生,我建议你每隔2个小时喂孩子一次。这样的话,孩子就不会变得太饿以至于什么都不想吃了。

我的孩子只吃流食,我怎样才能让他吃固态食物呢?

这可能同时涉及到感官问题和孤独症儿童对变化的适应问题。关键是要缓慢地将食物向固态的方向过渡。直接将流食变成固态食物或块状食物会显得太突然了。你可以先增加食物的黏稠度,而不要让它直接变成块状。如果孩子觉得没问题的话,再以此为起点慢慢地将食物变成块状。

如果你的孩子只吃流食并且不会咀嚼的话,这可能是因为他嘴部的肌肉力量不够。如果是这个原因的话,你可以让孩子进行一些锻炼,来增加他嘴部的肌

肉力量。通过口腔的运动来增强肌肉的力量,通过这种方式让孩子能够完成咀嚼。下面是一些办法:

- 吹乐器。口哨是一个非常好的玩具,当你吸气或呼气的时候都能发出声音。你也可以试试哨笛、笛子和口琴。
- 鼓励你的孩子用吸管喝水。
- 和孩子比赛看谁能用吸管将纸球最快地吹到终点。
- 对着镜子用嘴做各种有趣的鬼脸。像狮子一样咆哮或者像小鸟一样鸣叫。
- 在你开始上述游戏之前,对孩子的口腔和下巴进行按摩。这将有助于这部分肌肉的活动并将孩子的注意力集中到他们的嘴部。

引入新的食物行动检查清单

- 和孤独症医生一起,检查你的孩子是否存在对食物过于敏感的问题。
- 考虑将谷蛋白、酪蛋白和糖从孩子的饮食中去除。
- 研究不同的孤独症饮食方案,比如:
  - 不含谷蛋白和酪蛋白的饮食;
  - 特定碳水化合物饮食;
  - 肠道心理综合(GAPS)饮食;
  - 符合身体生态的饮食。
- 做好准备:
  - 100%相信你选择的饮食方案。
  - 学习掌握你孩子可以吃的所有食物。
  - 将厨房准备好,把孩子不能吃的食物都清理掉。
  - 向患有孤独症的孩子解释新的饮食方案以及这将对他有何益处。
  - 向整个家庭解释新的饮食方案以及对他们的益处。
- 挑选"真正"的食材,尽量避免购买包装食品。
- 引入新食物的时候,要把自主权交给孩子。
- 热爱这些新的食物! 在孩子面前享用这些食物,向孩子展示它们是多么的美味。
- 当给孩子提供这些新的食物时,要表现得随和轻松,不要有侵略性。
- 让孩子对这些新的食物随手可得。
- 在如何烹饪和呈现食物方面发挥创意。
- 尝试用不同的方法向孩子提供食物。
- 将食物融入到游戏中。

图书与视频推荐

Autism Breakthrough: The Groundbreaking Method That Has Helped Families All over the World by Raun K. Kaufman

Autism Micro Tutorials: Bite sized Son-Rise Program® Techniques by the Autism Treatment Center of America（DVD）

Games4Socialization: Using the Son-Rise Program® Developmental Model by the Autism Treatment Center of America（DVD）

Breakthrough Strategies for Autism Spectrum Disorders by Raun K. Kaufman（DVD）

Inspiring Journeys of Son-Rise Program Families（Free DVD）

Autism Solutions（Free DVD）

Son-Rise: A Miracle of Love（NBC–TV movie，available on amazon.com）

Three books by Barry Neil Kaufman: *Son-Rise: The Miracle Continues*，*A Miracle to Believe In*，and *Happiness Is a Choice*

在YouTube孤独症治疗中心频道,有上百部有关帮助孤独症儿童的创意性理念和游戏的视频。你可以通过访问www.youtube.com/user/autismtreatment进行观看。

参 考 文 献

Cespedes, E.M., Gillman, M.W., Kleinman, K., Rifas-Shiman, S.L., Redline, S., and Taveras, E.M. (2014) "Television viewing, bedroom television and sleep duration from infancy and mid childhood." *Pediatrics* [Epub ahead of print].

Dunbar, R.I.M., Baron, R., Frangou, A., Pearce, E. *et al.* (2012) "Social laughter is correlated with an elevated pain threshold." *Proceedings of the Royal Society B 279*, 1731, 1161–1167. doi:10.1098/rspb.2011.1373.

The Early Childhood Initiative Foundation, *Special Needs.* Available at www.teachmorelovemore.org/SpecialNeedsDetails.asp?id=3, accessed on 26 November 2014.

Fleischmann, A. (2012) *Carly's Voice: Breaking Through Autism.* New York, NY: Touchstone.

Higashida, N. (2013) *The Reason I Jump: One Boy's Voice from the Silence of Autism.* London: Hodder & Stoughton.

Kaufman, R.K. (2014) *Autism Breakthrough: The Groundbreaking Method That Has Helped Families All Over the World.* New York, NY: St. Martin's Press.

McElhanon, B.O., McCracken, C., Karpen, S., and Sharp, W.G. (2014) "Gastrointestinal symptoms in autism spectrum disorder: A meta-analysis." *Pediatrics 133*, 5, 872.

Rosenthal, R. and Babad, E.Y. (1985) "Pygmalion in the gymnasium." *Educational Leadership 41*, 1, 36–39.

Rosenthal, R. and Jacobson, L. (1968) *Pygmalion in the Classroom: Teacher Expectations and Pupils' Intellectual Development.* New York, NY: Holt, Rinehart and Winston.

Sleep for Kids (ND) *Information About Children's Sleep for Parents and Teacher.* Available at www.sleepforkids.org/html/sheet.html, accessed on 26 November 2014.

Thompson, D.A. and Christakis, D.A. (2005) "The association between television viewing and irregular sleep schedules among children less than 3 years old." *Pediatrics 116*, 4, 851–856.

Truss, C.O. (1981) "The role of Candida albicans in human illness." *Journal of Orthomolecular Psychiatry 10*, 4, 228–238.

Truss, C.O. (1984) "Metabolic abnormalities in patients with chronic candidiasis:

The acetaldehyde hypothesis." *Journal of Orthomolecular Psychiatry 13*, 2, 66–93.

United States Department of Agriculture (USDA) (2003) "Profiling Food Consumption in America." In *Agriculture Factbook 2001–2002* (pp.12–21). Washington, DC: USDA.

van der Helm, E., Gujar, N., and Walker, M.P. (2010) "Sleep deprivation impairs the accurate recognition of human emotions." *Sleep 33*, 3, 335–342.